地盤工学における
リスク共生

Fujino Yozo　*Soga Kenichi*
藤野陽三／曽我健一＝共編

鹿島出版会

刊行にあたって

　リスク共生は、社会インフラ、土木工学だけでなく、生態系、医療分野、社会科学の分野でも非常に重要なコンセプトになっており、これからの 21 世紀社会を見渡すときに、リスク共生を踏まえて持続可能な社会をいかに構築していくかということが、非常に大事だと考えております。

＊

　私の専門である経済学の分野では、亡くなられた宇沢弘文先生が社会的共通資本という概念を提起し、社会インフラの重要性を既に1980 年代くらいから提唱されています。私も、アメリカなどの運輸部門の資本ストックの調査をした際、その当時アメリカが資本ストックの老朽化問題に直面しているというデータがあったのですが、今まさに 21 世紀を迎えて、日本がそのような時代になっていることを実感します。

＊

　ご存知のように経済学では GDP（国内総生産）という形で、経済成長を計ります。減価償却にあたる部分や一部自然資本は入っているとはいえ、社会インフラを考えるうえでは十分ではありません。今後おそらく真の意味での経済成長を計る指標は何か、それを示すのが経済学の課題であると思っております。

＊

　リスク共生、社会インフラの今後の維持拡大を考えるためには、工学分野だけでなく、経済学はもとより経営学、法律、また人文科学を含めた文理融合的研究が必要であり、これらの分野が一つのキャンパスにある横浜国立大学だからこそ実現できると確信しています。

　本書を通してこの分野での最先端の研究成果が発信されることを嬉しく思うとともに、地盤工学分野の協働研究がますます深められていくことを期待しています。

横浜国立大学　学長

先端科学高等研究院　研究院長

長谷部勇一

まえがき

　本書は、横浜市保土ケ谷区の横浜国立大学のキャンパス内にある教育文化ホールにおいて、2015 年 7 月 16 日に行われた横浜国立大学先端科学高等研究院（IAS）主催のシンポジウム「リスク共生からみた地盤工学の課題」での講演をベースに取りまとめたものである。

　このシンポジウムを企画したのは編者の一人の藤野である。橋や土木構造物が専門の藤野が、なぜ地盤に関わるシンポジウムを企画したのかの経緯を少し記しておこう。

＊

　シンポジウムの場で藤江幸一 IAS 副研究院長（横浜国立大学教授）から説明があったように、横浜国立大学は、「実践的学術の国際拠点」として、先進的・実践的な「知」の発見並びに創造性と国際性豊かな教育研究を推進するために 2014 年 10 月、文部科学省の支援を受けて、「先端科学高等研究院」を設置した。先端科学高等研究院の重点目標は、横浜国立大学の強みであるリスク共生学の研究を中心に、現代社会におけるイノベーションの促進に伴うリスクの特定やリスクの顕在化を未然に防止する方策等についての先進的研究を推進し、その成果を社会還元して、安心・安全で持続可能な社会の発展に貢献することとしている。先端科学高等研究院の中で藤野は「社会インフラストラクチャの安全」研究ユニットを担当している。

＊

　インフラの安全安心、持続性は、2012 年 12 月の笹子トンネルの事故もあって社会からの関心も高い。内閣府の総合科学技術・イノベーション会議では、平成 26 年（2014 年）から開始した 5 年間にわたる戦略的イノベーション創造プログラムにおいて、「インフラ維持管理・更新・マネジメント技術」を 10 の課題の一つとしてスタートさ

せた。内閣府がインフラの安全を国家課題として取り上げたのは初めてであり、インフラにとって画期的なことと言える。藤野はそのプログラムディレクターを担当しており、まさしくあらゆるインフラを対象に、大きな事故を起こすことなく、健全な状態を効率的に保持できるようにするためのさまざまな技術・システム開発に取り組んでいる。とくに、情報、ロボット、センサーなどの先端技術を上手に使ったインフラ・メンテナンスの確立を重点に置いている。また、自然災害という点では世界一の高密度な国である日本では、防災・減災も重要度が高く、前述の戦略的イノベーション創造プログラムの一つとして取り組まれている。防災・減災においてもインフラは主要な位置を占めている。

　高度にネットワーク化された今の社会はインフラが常に機能することを前提にしており、部分的にでもそれが寸断されれば、われわれの生活はもとより、生産活動にも影響が広範囲に及び、国全体が甚大なダメージを受ける。海外にも影響は波及する。このようなことを最近の事故や災害の中でたびたび経験しており、インフラの重要性が再認識されているのは好ましいことである。

　ほとんどのインフラは地盤に支持されており、土から構成されいる堤防や盛土などのインフラ構造物も多い。鋼やコンクリートで造られたいわゆる人工構造物の耐震性向上が進む中で、地震災害では土に絡む液状化や斜面崩壊などの被害が目立ってきている。豪雨による被害では堤防の決壊や土石流など地盤が関係するものがほとんどであろう。地味ではあるが、土壌汚染などの地盤に関わる環境問題も大きな課題である。地盤工学では災害や環境問題におけるリスクにどのように対峙しているのかを、インフラ全般に関心のある私個人としても知りたく、シンポジウムを企画したというのが経緯である。

＊

　先端科学高等研究院では国際拠点の形成が重要視されており、以前から知り合いであったケンブリッジ大学の曽我健一教授（2016 年 1月からはカリフォルニア大学バークレー校）に地盤関係のインフラの

安全の研究を担当していただけないかとお願いしたところ、私の研究ユニットの上席特別教授（非常勤）を受けてくださった。そういうこともあって、シンポジウムのプログラム構成、具体的内容については曽我先生との議論の中で固まったものであり、本書の編集も藤野と曽我が担当した。

*

　この四半世紀の中で、工学の多くの分野で研究や開発に影響を与えたのは、コンピュータに代表される計算技術とセンサーなどの計測技術の発展だと私は思っている。土木工学は実物大実験が難しいため、計算機でのシミュレーションに頼る部分が多く、特にコンピュータの影響は大きい。高度な計算コードや有限要素法などの汎用コードも数多く市販されている。一般の技術者はもとより、研究者ですら、構造解析の分野では自分でプログラムを書く時代ではなくなってきている。いわば、何でも計算できる時代になってきており、そのなかで重要なことは、何を研究テーマにするか、何を開発するかになりつつあると私は思っている。地盤工学はまだまだ未知の分野が多いように思えるが、方向としては大きくは違わないのではないであろうか。センサーのコスト・サイズ・精度面での進歩は急速である。土木構造物は一般にスケールが大きく、個別性も高いため、真の挙動を知るためには実物を計測することが有効である。それがセンサー技術のお陰で可能になってきており、地盤工学に革命的変化をもたらす可能性がある。これら先端技術の急速な進歩の中で、地盤工学において今後何を研究開発すべきかを考えることが重要であると感じている。

*

　地盤工学の課題というとあまりに範囲が広いので、「リスク共生から見た地盤工学上の課題」ということでテーマを少し絞り、わが国はもとより世界をリードしてこられた先輩の先生方に加え、これからの地盤工学をリードしていく中堅の先生方にも、ご自身の専門分野において何が重要と思っているかを話していただくことにした。石原研而先生ほかお願いした先生方すべてに講演をいただけたのは極めて幸い

8

であった。伝統のある土質力学から、地盤災害、地盤環境の分野まで幅広くカバーすることができた。改めて、講演いただいた先生方に心から感謝を申し上げたい。

*

7月16日午後からのシンポジウムには、不便な会場にもかかわらず200名をゆうに超える方においでいただいた。地盤工学を研究する方、職業とする方だけでなく、地盤の周辺でお仕事をしている構造の分野などの方々にも多く参加いただいた。嬉しいことに若い方の参加も多かった。

先生方の講演内容はどれも、力の入った、迫力のある、すばらしいものでした。内容がリッチで、示唆に富むシンポジウムになったと私自身も思ったし、たくさんのお褒めの言葉をいただいた。それを文章の形で伝えたく、当日の講演をベースに稿を起こし、先生方には忙しい中、原稿としてまとめていただいたのが本書である。地盤工学に関わる方々だけでなく、地盤に関心のある多くの方に興味を持って受け入れていただける図書であると信じている。

*

なお、シンポジウムの開催にあたり、横浜国立大学先端科学高等研究院の楠城一嘉さん、佐藤英梨さんほか事務の方々、秘書の横山晴美さん、大塚智子さんには大変お世話になりました。鹿島出版会の橋口聖一さんには、出版に関し、何から何まで大変お世話になりました。この場を借りて深く感謝の意を表します。

藤野陽三

目　次

刊行にあたって ……………………………………………………… *3*

まえがき ……………………………………………………………… *5*

§1　河川堤防の整備におけるリスク ………………… *13*

1．はじめに …………………………………………………… *13*

2．堤防整備の歴史と現代の河川堤防 ……………………… *14*

3．堤防の決壊原因 …………………………………………… *16*

4．堤防整備における地盤工学上のリスク ………………… *17*

5．堤防の浸透破壊予測を困難にするもの ………………… *18*

6．地震による被害を受けた堤防の特徴 …………………… *22*

7．堤防の安定性確認に必要な地盤情報は得られているか …… *24*

8．堤防の被害リスク低減に向けて ………………………… *26*

§2　造成宅地地盤の地震災害リスク ………………… *31*

1．地盤リスクとは …………………………………………… *31*

2．仙台市で生じた宅地地盤の地震被害 …………………… *34*

3．地盤情報の開示 …………………………………………… *43*

4．訴　訟 ……………………………………………………… *45*

5．まとめ ……………………………………………………… *48*

§3　交通地盤工学におけるリスク低減 ……………… *51*

1．はじめに …………………………………………………… *51*

　2．交通地盤工学について ……………………………………… *51*

　3．交通地盤工学におけるリスク ……………………… *54*

　4．リスク低減の試みの事例 ………………………………… *54*

　5．まとめ ……………………………………………………… *66*

§4　鉄道土構造物の地震時挙動と液状化リスク ………… *67*

　1．はじめに …………………………………………………… *67*

　2．土構造物とは何か？　鉄道ではどのくらい使われているか？ … *67*

　3．切土の地震時被害と対策 …………………………… *69*

　4．盛土の地震時被害と対策 …………………………… *73*

　5．液状化リスク ……………………………………………… *79*

　6．おわりに …………………………………………………… *83*

§5　次の次の大地震に備えて ……………………………… *87*

　1．沿岸域の石油コンビナートの被災 ………………… *87*

　2．軟弱層の深さと被害の大きさ ……………………… *90*

　3．実地記録の取得と観測網の整備 ………………… *93*

§6　土構造物の耐震設計の意義・方法・経緯 ………… *101*

　1．問題の所在 ………………………………………………… *101*

　2．土構造物の耐震性確保のための三つの方策 ……… *114*

　3．まとめ ……………………………………………………… *128*

§7　地盤環境リスクと発生土問題への対応 ……………… *131*

　1．発生土問題をとりまく状況 ………………………… *131*

　2．自然由来の重金属等 …………………………………… *133*

　　3．自然由来の重金属等を含む発生土の扱い　……………………*135*
　　4．環境安全性を判定するための試験法　………………………*137*
　　5．災害廃棄物から再生された分別土　…………………………*140*
　　6．放射性汚染土壌への対応　……………………………………*143*

§8　福島第一原発の汚染水対策における
　　　リスク評価および低減対策　………………………………*147*

　　1．汚染水処理対策におけるリスク項目の抽出　………………*147*
　　2．リスクマップの提案　…………………………………………*152*
　　3．汚染水の制御と次なるリスク　………………………………*155*
　　4．リスク評価の見直しとリスク低減に向けたロードマップ　…*161*

§9　自然災害安全性指標(GNS)の開発の試み　…………*165*

　　1．はじめに　………………………………………………………*165*
　　2．GNS コンセプトの形成　……………………………………*167*
　　3．GNS 指標の算定方法と結果　………………………………*170*
　　4．GNS の活用　…………………………………………………*177*
　　5．今後の展開　……………………………………………………*178*

§10　　地盤工学におけるモニタリングの重要性　…………*183*

　　1．はじめに　………………………………………………………*183*
　　2．インフラの利用の将来予測が難しいというリスク　………*184*
　　3．Observational Method（現場観測工法）　………………*187*
　　4．アクティブモニタリング　……………………………………*191*
　　5．次世代のモニタリング技術　…………………………………*193*
　　6．データを読む力　………………………………………………*198*
　　7．最後に　…………………………………………………………*200*

§11　地盤工学におけるリスク共生のための
　　　PR の役割 ·· *203*

　1．地盤工学の課題とリスク ····························· *203*
　2．リスク共生のための PR（Public Relations）の役割 ········· *204*
　3．建設リサイクルを取り巻く近年の状況 ················ *207*
　4．東日本大震災によって生じた地震環境問題 ·········· *211*
　5．リスクと対峙する勇気を持とう ···················· *216*

総括 ·· *219*
リスク共生学の視点 ······································ *229*
あとがき ·· *234*
執筆者 ·· *238*

§1　河川堤防の整備におけるリスク

高橋章浩

1．はじめに

　河川には、豪雨などによって流入した水を安全に、かつ、速やかに海に流すという治水機能が求められている。川の中下流域では、河川に沿って堤防が構築されており、洪水時に増水が起こった際、水を溢すことなく河川に沿って流下させることが、構造物としての堤防に求められている。

　このような堤防の機能が満足されない場合、**写真-1** に示すような豪雨災害が起きることがある。これは、平成 27 年 9 月に台風 18 号等によってもたらされた豪雨（関東・東北豪雨）により、鬼怒川において堤防の決壊や溢水が発生し、広範囲に浸水してしまった茨城県常総市の様子である。写真下部にある堤防決壊部からの河川水の流入や、ここには写っていない少し上流での溢水が、このような浸水被害を引き起こした。

　堤防は、下流への影響を小さくするために計画的に特定箇所で越水させ、一時的に貯水するような場合（調整池に水を誘導するために意図的に特定箇所の堤防を低くしておく場合）を除けば、線状に連続して同じような高さで存在していることに意味があり、洪水時に、一箇所でも河川から大量の水の流出を許してしまうと、このように広範囲に浸水被害を引き起こすことになってしまう。

　このように豪雨時の浸水被害のリスクは、堤防の決壊や溢水のリスクと直結している。本稿では、これまでの堤防整備や被害の歴史、堤防の置かれている状況、地盤調査法の現状や最近の研究等の紹介を通

写真-1　鬼怒川の決壊による茨城県常総市での浸水状況
（平成 27 年 9 月 11 日　提供：国土交通省関東地方整備局）

じて、被害リスクを示し、筆者の考える低減に向けて取り組むべき課題について述べる。

2．堤防整備の歴史と現代の河川堤防

　人々の安全と安定した農耕のため、古くより治水・灌漑事業が進められている。水が流れる河道を安定させ、洪水から人々を守るため、開削して河道を構築したり、そのまわりに堤防を構築したりすることが繰り返されてきた。江戸時代には、河川の付け替え（人工的な河道の変更）といった、大規模な治水事業も行われはじめ、例えば、関東地方では、江戸湾（東京湾）にそそぐ利根川は、江戸の町を守るため、銚子方面に付け替えられ、荒川は現在の隅田川へと付け替えられた。

　荒川については、その後、明治時代に下流部が工場用地として発展

してきたこと、明治末期の洪水で大きな被害を受けたことなどから荒川放水路が計画され、昭和初期に完成した。その頃から、都市化に伴う地下水くみ上げによる地盤沈下によって、いわゆるゼロメートル地帯が形成されたこと、伊勢湾台風により各地で高潮被害が発生したことなどを受けて、その後も改修が続けられ、今日の姿となっている[1]。

　現代の河川整備では、余裕をもって計画流量を確保できるよう、堤防のかさ上げ等が順次進められているほか、堤防を洪水に対して強い構造にするため、法面勾配を緩やかにするとともに、川表側には、河川水の堤防内への浸入と水流による侵食を防ぐために、遮水シートや連節ブロックを敷設し、川裏側には、堤防に浸入してしまった水を排

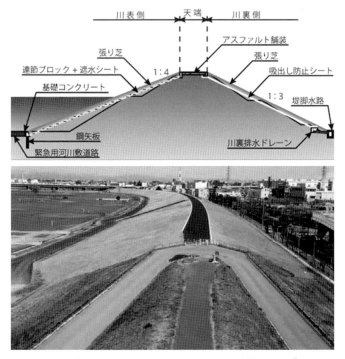

図-1　強化された堤防の断面（上）とその外観（下）[1]

水するためのドレーンが敷設される等、様々な工夫がなされている（図-1）。また、地震に対して強い構造とするための耐震補強も進められているほか、指定された都市部の大河川においては、河川水の浸透や越水に強い高規格堤防（スーパー堤防）の整備も進められている。

3．堤防の決壊原因

　前節に示したような河川整備の結果、以前と比べて、大規模な浸水被害は著しく減少している。図-2 は、国土交通省河川局治水課が平成 14 年（2002 年）に公表した、戦後の堤防決壊（破堤）の主原因をまとめたものである（戦後 20 世紀中に発生したものと考えてよい）。図中、「越水」は河川水が堤防を乗り越えて流出し、その水の勢いによって川裏側の法面が削り取られることによって発生する決壊を表し、「侵食」は河川の水流によって川表側の法面や高水敷、低水護岸が削り取られることによって発生する決壊を表す。また、「浸透」は河川の増水により、水が堤防内や堤防の基礎地盤に浸入することによってパイプ（水みち）が形成されたり、土の強度が低下することにより川裏側の法面が滑ってしまったりして発生する決壊を表す。

　このデータには、戦後すぐに多発した豪雨災害によるものや、堤防の整備が進んでいない（堤防が小さい）時代のものが多く含まれてい

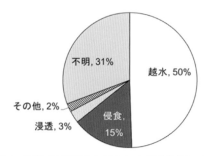

図-2　戦後 20 世紀中に発生した堤防決壊の主要因

るため、越水によるものが半数となっているが、現在のように堤防の整備が進んでくると、越水によるものは相対的に少なくなり、替わって、浸透等によるものが増加してくると予想されている。

4．堤防整備における地盤工学上のリスク

　河川水が溢れることによる洪水時の（大規模な）浸水被害は、堤防の決壊に直結しており、堤防決壊リスク＝浸水被害リスクといってよいであろう。河川の増水による浸水といった、外水氾濫に対象を絞れば、堤防を壊そうとする外力は洪水流であり、それに抵抗する（高さ・止水性を確保して、河川水を溢さないようにする）のは堤防ということになる。ここでは、地盤工学的問題に焦点を絞るため、どれだけの流量の水を流下させる能力を堤防に持たせるか（計画流量をどのように設定するか）、その超過確率はどれくらいか、といった一般に浸水被害に対するリスク・アセスメントにおいて重要となる外力となる水の多寡については敢えて触れず、洪水時に堤防がその機能を果たさないとすれば、その原因は何なのか、それを見落とすリスク（防げないリスク）はどれくらいあるのか、ということに着目する。

　前節で示した三つの堤防決壊主要因のうち、今後「越流」を主原因とする決壊の割合が小さくなっていくとすると、残りの「侵食」と「浸透」に対する堤防の脆弱性を低下させることが、堤防の決壊リスクを低減させるポイントとなる。

　このうち「侵食」は、洪水時に観察できる範囲（地表面）で生じることから、その発生個所を相対的に推定し易く、構造的に水衝部（洪水時に水が強く当たる部分）を解消したり、川表側の法面や高水敷、低水護岸の表面を保護するコンクリート・ブロックなどを設置したりすることで、大幅にそのリスクを低減させることができると考えられる。

　一方で「浸透」に起因する堤防決壊は、水が堤防やその基礎地盤にどのように浸入していくかで決まるため、その発生個所を特定し、対

処することは大変困難である。堤防は、河口に近い、高度に市街化された地域を除けば、土を盛って構築されている。さらに、そのような土堤は、河川の流下能力向上のため、堤防は古くからかさ上げを繰り返していることから、その内部構成は極めて複雑である。また中下流域の堤防は、氾濫平野と呼ばれる複雑な地層構成の地盤上に構築されているため、基礎地盤の構成を把握することも容易ではない。すなわち、堤防や基礎地盤の構成の把握が困難であることが、堤防整備における地盤工学上のリスクとなっていると考えられる。次節では、どこにその難しさがあるのかを簡単に紹介する。

5. 堤防の浸透破壊予測を困難にするもの

浸透に対する堤防の安定性評価のための数値解析の前提

　洪水時に水が堤防に浸入したときの堤防の安定性評価には、非定常不飽和浸透流解析がよく用いられる。図-3 は、均質な材料で構築された堤防の川表側（左側）と川裏側（右側）に水位一定の境界条件を与えたときの、土の飽和度分布の時間変化を、非定常不飽和浸透流計算で求めた例である。かなり粗い有限要素メッシュではあるが、浸潤の様子がそれなりに捉えられている。実験室で同じ条件の模型実験を行っても、ほぼ同様の結果を得ることができ、均質地盤に対しては、浸透流解析は妥当な結果を与えることが知られている。

　上記のように、「堤防や地盤内の構成やこれらを形成する土の物性がわかっている場合」、浸透流解析はもっともらしい結果を与えることから、堤防の安定性の確認や強化の要否決定に積極的に用いられている。この計算では、剛な多孔質中の浸透流を解いていることから、パイプの形成や法面の滑りといった事象は直接表現できない。そのため、安定性の確認においては、パイピングに対しては、川裏側法尻付近の局所動水勾配や得られた水圧を用いたヒービングに対する安全率を用い、法面の滑りに対しては、得られた水圧分布を用いた滑りに対する安全率を用いるのが普通である[2]。

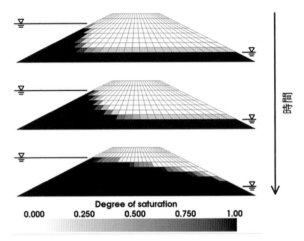

図-3 浸透流解析における均質堤防の飽和度分布の変化

　安定性確認のための数値解析において前提となっているのは、「堤防や地盤の中身がわかっている」ことである。「事前」解析を行う場合、数少ないボーリング・データを参考に地層構成を推定して計算を行い、その結果に基づいて判断がなされる。多くの被災箇所は、事前解析では問題がないと判断されており、被災原因究明のための追加地盤調査を行った結果、盛土や地盤内の構成が想定していたものと異なっていたということも少なくない。次小節以降で、いかに堤防や基礎地盤の構成が複雑となっているかを紹介する。

堤防の度重なるかさ上げによる堤防構造の複雑化

　冒頭で述べたように、河川には度重なる改修がなされており、堤防は、表の顔からは想像できないほど、その内部は複雑である。**図-4**は、千葉県市川市に建設されている大和田排水樋管新築工事の際に実施された堤防開削調査の例である。寸法は書いていないが、幅は60mほどである。

　当該箇所では、戦前に粘性土を主体とした土で堤防が構築され、そ

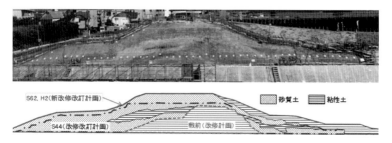

図-4　江戸川左岸 10.1k 付近（大和田排水樋管工事）の堤防断面
（下図は関東地方整備局江戸川河川事務所提供の資料を参考に作図）

　の後、利根川改修改訂計画に基づき、昭和 44 年に浚渫土や山砂を用いたかさ上げが行われ、更に、利根川新改修改訂計画等に基づき、昭和 62 年、平成 2 年に細礫交じりの砂質土でかさ上げ・拡幅が行われたようである。なお、昭和 44 年のかさ上げ時のものは、川表側は粘性土主体、川裏側は砂質土主体となっており、河川水の堤防への浸入を抑制し、入ってしまった水の排水を促進するような工夫がなされていた形跡がある。

　このように、時代毎の事情によって盛土材料が異なっており、堤防の内部構造は複雑であることがわかる。基本的に、水は透水性の高い砂質土部分を浸透することから、層構成によっては、洪水時に局所的に強い浸透流が発生する恐れがある。これを予め知っておくためには、詳細な堤防の内部構造がわかっていなければならないが、このような詳細な調査が可能なのは、堤防を切り開かなければならない工事等の機会に限られるため、容易ではないことがわかるだろう。

複雑な地層構成の氾濫平野

　中下流域の堤防は、人類が治水を行う以前、縦横無尽に水が流れ、それに伴って土砂が堆積し、侵食されて形成された氾濫平野と呼ばれる複雑な地層構成の地盤上に構築されている。実は、基礎地盤の構成を複雑にしているのは、治水以前の河川の氾濫だけではなく、治水に

よる人為的改変も関係している。河川は治水能力向上のために、その付け替えや直線化、拡幅が繰り返されている。そのような改変をする度に、かつては河道や湿地であった場所は埋め立てられ、その上に堤防が構築されたりする。

洪水時には、水は堤防のみならず、その下の基礎地盤にも浸入するため、浸透に対する堤防の安定性を調べるためには、基礎地盤の中身もわかっていなければならないが、上記のように堤防の基礎地盤は自然の営みによる複雑さに加えて、人為的改変も受けているため、その姿を明らかにするのは容易ではない。

図-5 は、平成 24 年 7 月の九州北部豪雨において決壊した矢部川の決壊箇所付近の治水地形分類図である。矢部川では蛇行する河川の直線化が江戸時代に行われており、右岸 7.3k の決壊は、旧河道付近で発生した。事後に行われた詳細な調査や解析によると、当該箇所では堤防を横断する形で基礎地盤の比較的上部に水が浸透し易い砂層が 1～1.5m 程度の厚さで分布しており、加えて、その直上の粘性土層厚が堤防のり尻部周辺で 1m 程度と比較的薄かったことから、砂層でパイピングが発生し、堤防決壊に至ったと推定している [4]。このような薄い砂層が連続して存在していること、その上の被覆土層厚が法尻で

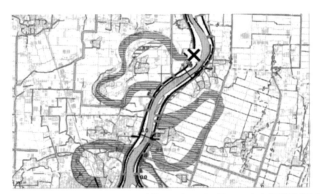

図-5　平成 24 年 7 月の矢部川決壊箇所（×印）付近の治水地形分類図 [3]
（横線部は旧河道を表す）

薄いことなどを、事前の限られたボーリング情報から推定することは
容易ではなかったと考えられる。

6．地震による被害を受けた堤防の特徴

　ここまで、洪水時に河川水を安全に流下させるために、高さ・止水
性を確保する、という本来の機能に対する堤防の安定性、特に、浸透
に対する安定性を確認する上で問題となることについて紹介してきた
が、豪雨・洪水と並び重要となる、地震に対する堤防の安定性につい
ても、ここで少し触れておきたいと思う。

　洪水時と異なり、地震の場合は、震後すぐに津波来襲の恐れがある
場所を除けば、河川の増水が直後に起きる確率は低いので、地震に
よって堤防が大きく変形しても、治水機能に、即、影響があるという
ことはない。しかし、特に広域で被害が発生した場合、修復に時間を
要することになるため、地震後の浸水危険性は上昇することになる。
したがって、想定される地震規模に依存するが、堤防の地震被害は少
ない方がよい。

　地震による堤防被害のほとんどは、土の液状化に起因するものであ
ることが知られており、液状化は緩い砂地盤で発生しやすいと言われ
ている。堤防に影響のある液状化が発生するのは、比較的浅部にある
砂質土層や、堤防構築に伴って基礎地盤が圧密沈下することにより形
成される堤防下部の飽和砂質土層（堤防の一部）であり（図-6 参
照）、特に 2011 年の東日本大震災では、後者の液状化による堤防の大
被害が東北地方において多数みられた[5]。

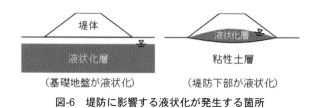

図-6　堤防に影響する液状化が発生する箇所

　図-7 は、2011 年の東日本大震災で被災した江合川左岸 27.6k 付近の堤防である。堤防内の水位が高かったことから、堤防下部（Bs1〜3 の地下水位以深）と基礎地盤の砂層（Acs 層）が液状化して、このような被害になったと推定されている（図中の地下水面は応急復旧後に観測された水位）。この事例の場合は、土層構成自体はそれほど複雑ではないが、地下水位がどこにあったかによって、被害の大小は大きく異なることを考えると、事前の堤防の地震に対する安定性の確認や強化の要否決定において、地下水位の推定は極めて重要であると言える。

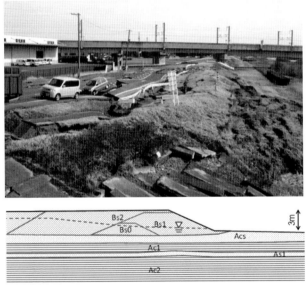

図-7　2011 年の東日本大震災で被災した江合川左岸 27.6k の堤防

(断面図は北上川等堤防復旧技術検討会報告書[5]を参考に作図)

　この事例では、地下水位以深の堤防も含めた液状化層厚は 3m ほどあるが、2011 年の東日本大震災では、液状化層厚が 1〜2m ほどであったと推定されているにもかかわらず、大被害を生じている堤防も

散見された。堤防内の水位は、堤防やその基礎地盤の浸透特性に依存することと、堤防に影響のある液状化発生個所は、浸透に対する弱部と同様の箇所（浅部に砂質土層が広がっている箇所、堤防が主に砂質土で構成されている箇所、かつての河道や湿地を埋め立てた箇所等）であることを考えると、地震に対する堤防の安定性を確認する上でも、堤防や基礎地盤の構成の把握が重要であるといえる。

7．堤防の安定性確認に必要な地盤情報は得られているか

被害原因のスケールと地盤調査の解像度

　前節までに、堤防の浸透や地震に対する安定性の確認や強化の要否決定には、堤防や基礎地盤の構成の把握が（地震の場合はや地下水位の把握も）重要であると繰り返し述べてきた。すなわち、地盤情報の不足が堤防整備における地盤工学上のリスクとなっている訳だが、結局は、被害の主原因となる現象、言い換えれば、被害を引き起こした土層のスケールと、得られる地盤情報や数値解析モデルの解像度のバランスがとれているか否かが重要で、これらに乖離があることが問題であると筆者は考えている。

　一概には言えないが、最近の事後調査が詳細に行われた洪水時決壊事例や地震時破壊事例を見ると、堤防下にある層厚 1～2m ほどの薄い土層の有無など、局所的な差異が明暗を分けている事例が多いような印象を受ける。これが正しいとすると、必要な地盤情報の空間的解像度は、少なくとも 1m 未満（数十 cm）ということになる。

　一般に、国が直接管理するような河川であっても、縦断方向（川の流れ方向）に数百 m～2km 間隔、横断方向（堤防を横切る方向）に 3 カ所程度（天端中央と川裏・川表の法面中央）のボーリング・データから、堤防とその基礎地盤の土層構成などを推定して、浸透に対する安定性を検討している。もちろん、既存のデータがあればそれも活用するし、地形の情報なども勘案するが（治水に関する地形情報を取りまとめたのが治水地形分類図で、現在、改訂が進められている）、上

記のように大きな損傷のきっかけとなる層の厚さが 1〜2m であることを考えると、これらの重要な土層を見過ごさないために十分な空間的解像度の情報とは言えない。

堤防の安定性確認に必要な地盤情報を得るために

　ボーリング調査は、地盤内の土を確認することができるため確実ではあるが、費用や時間などの面から、これで必要な情報をすべて得るということは現実的ではない。足りない部分の情報を得る手段として、下記のような手法が考えられる。

① 　サウンディング：スウェーデン式サウンディングがその代表例で、ロッド等を地盤に貫入し、その抵抗値等から地盤の剛性・強度などを推定する。安価で比較的短時間に実施可能であるが、土を見ることはできず、調査可能深さは10m 程度である。

② 　打撃式簡易機械ボーリング：通常のボーリング調査で必須のやぐらの構築が不要であることが最大の特徴である。調査可能深さは10m 程度で、調査可能な土質に制約がある。

③ 　物理探査：表面波探査、比抵抗探査、地中レーダー等がその代表の非破壊検査法である。比較的広範囲を短時間に実施可能だが、表面波探査や比抵抗探査の解像度は 1m 以上で、地下水の影響を強く受ける。また、地中レーダーは高解像度だが、浅い領域にのみ適用可能である。

　これらのうち、サウンディングや打撃式簡易機械ボーリングは、事後調査での利用実績があり、物理探査については、各地の堤防でその適用性を調べるための試験が盛んに行われている。これら以外に、堤防内水位を多機能型コーン貫入試験などにより推定する方法も開発されている。いずれの手法も一長一短があるため、万能な手法というのは存在しないが、複数の方法で多面的に見ることで、情報の精度（解像度）は向上するはずであることから、様々な手法の適用事例の増加とその検証が望まれる。

8．堤防の被害リスク低減に向けて

　前節までの現状を踏まえて、堤防の被害リスクを低減するためにできることを考えると、前節で触れたような地盤調査技術の高度化はもちろんだが、地盤の複雑さを受け入れた上で、堤防被害を大きくする地盤条件（堤防やその地盤の構成の特徴）を明らかにすることと、負荷を受けた堤防の応答から中身（堤防やその地盤の構成）を推定し、情報を随時更新・活用していくことが重要であると筆者は考える。

　堤防被害を大きくする地盤条件については、これまでの被災事例やその事後調査結果から、定性的には明らかになりつつあるが、それがどの程度堤防の変形にインパクトを与えるのかという点については、まだまだ蓄積が足りないと思われる。

　地震を対象としたものであるが、著者らが検討した事例について、ここで簡単に紹介する。著者らは、地盤の土層構成が複雑な地盤上にある堤防を対象に、不連続な難透水層の介在が、堤防の液状化による沈下挙動に与える影響を調べることを目的とした一連の遠心模型実験を行った[6)]。ここではその一例として、液状化層に介在する難透水層の連続性について調べた結果について示す。**図-8** に、地盤内に埋めた標点の移動を元に描いた地震後の地盤の変形状況や盛土の損傷状況と一様地盤を基準にした堤防沈下率を示す。

　いずれのケースも、難透水層の直下で大きなひずみが発生し、地盤が側方に変形している様子がわかる。堤防の沈下量や損傷状況を比較すると、不連続に難透水層が存在するケースの方が、その程度が大きく、一様地盤と基準とした堤防沈下量は、互層地盤で 1.1 倍、不連続に難透水層が存在する地盤で 1.2 倍となっている。このように、震災後の調査のみでは原因特定が困難な、堤防損傷のメカニズムやその程度の解明に模型実験は有用と考えている。また、このような実験データの蓄積は、数値解析法の信頼性向上にも役立ち、延いては数値実験による検討も可能にする。

　負荷を受けた堤防の応答を活用した情報の更新については、二つの

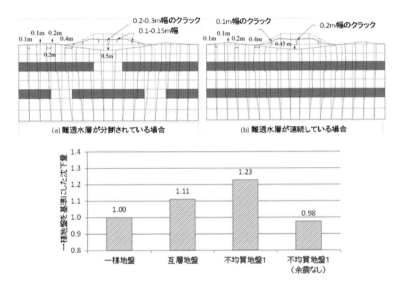

図-8 難透水層が介在する液状化地盤での堤防の損傷と一様地盤を基準に
した堤防沈下率 [6]

方法がある。一つは、普段の小さな負荷時の堤防の応答を利用するも
のである。図-9 にそのフローチャートを示す。普通、数値解析に用
いる地盤モデルは、ボーリング情報や土質試験結果等に基づいて作成
し、これを用いて計画高水位など大きな外力に対する堤防の応答を計
算し、その結果に基づいて堤防の安定性の確認や強化の要否判定を行
うが、普段の小さな負荷時の堤防の応答を利用して、この地盤モデル
（堤防やその地盤の構成）を随時更新しようというものである。負荷
が大きくならないと顕在化しない事象もあるため、万能な方法とは言
えないが、少なくとも浸透に影響する砂層の有無・範囲などを確認す
るためには活用できると思われる。

　なお、この実施に当たっては、堤防の応答を計測しておく必要があ
るため、全長にわたって実施するということは現実的ではないが、経
験値向上に加え、安全度が低いと判断された堤防に対する強化要否を

再判定したり、当初必要と判断された強化対策よりグレードの低い対策を実施した後に本格強化対策の要否を判定したりするのにも有効である。

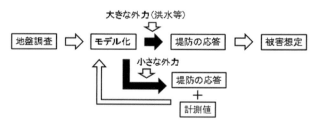

図-9　普段の堤防応答の地盤モデルへのフィードバック

　もう一つは、災害後の事後調査でよく行われるものだが、災害時の負荷を堤防へのストレス・テストであると捉えて、**写真-2** のように、決壊には至らなかったものの、甚大な被害につながる恐れのある噴砂を伴う漏水事例を対象にした再現解析を通じて、地盤モデル作成の経験値を向上させるというものである。河川ごとに流域の地盤の特

写真-2　平成 27 年 9 月関東・東北豪雨での噴砂（鬼怒川左岸 13.1k）

徴などが異なるため、ある河川で得られた経験・知識を他の河川にそのまま使うことはできないと考えられるが、地盤構成の特徴が堤防被害に与えるインパクトを定量的に評価する良い機会ともとらえることができる。

　上記の堤防被害を大きくする地盤条件の明確化や、負荷を受けた堤防の応答から地盤情報を随時更新・活用していくことは、特に新しい話ではないが、このような地道な作業を通じて問題を潰して行くことは、大変重要であると考える。また、維持管理・更新を通じて、既存ストックを長く上手に使って行くためには、上述のような堤防の性能を確認しながらの段階的な強化ということも考えていく必要があろう。

参考文献

1)　荒川放水路変遷史編集委員会（2011）：荒川放水路変遷誌、国土交通省関東地方整備局荒川下流河川事務所調査課
2)　国土技術研究センター（2012）：河川堤防の構造検討の手引き（改訂版）
3)　国土地理院（2013）：治水地形分類図（柳川）（電子国土 Web より）
4)　矢部川堤防調査委員会（2013）：矢部川堤防調査委員会報告書
5)　北上川等堤防復旧技術検討会（2011）：北上川等堤防復旧技術検討会報告書（本編）
6)　Maharjan, M. & Takahashi, A. (2014)：Liquefaction-induced deformation of earthen embankments on non-homogeneous soil deposits under sequential ground motions, Soil Dyn. Earthq. Eng., Vol. 66, pp. 113-124.

§2　造成宅地地盤の地震災害リスク

風間基樹

1．地盤リスクとは

　私に与えられた題目は、「造成宅地地盤の地震リスク」である。まず、宅地地盤の地震リスクの話に入る前に、予備的な知識として、地盤リスクの概略を紹介する。なお、震災2年後に公益社団法人地盤工学会から『役立つ!! 地盤リスクの知識』[1]という本が出版されているので、さらに詳しいことを知りたい場合にはそちらを参照することをお勧めする。

リスクとは─ハザードとリスクの関係─

　リスクとは「危険に遭う可能性や損をする可能性のこと」である。

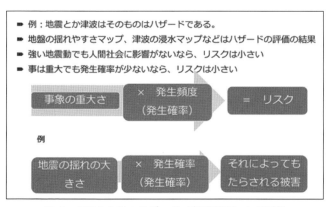

図-1　リスクとは：ハザード（危険要因）との関係

端的にいうと、事象の大きさに発生確率を掛けたものがリスクとなり、また、よく防災の話で出てくるハザードとリスクの関係も**図-1**のような関係にある。

リスクを正しく評価するには

リスクを正しく評価するのはそう簡単ではない。事象の重大性や発生確率の算定に大きな不確実さがあるからである（**図-2** 参照）。

- ■ 危険要因そのものが良くわかっていない
  - ■ 日本が財政破たんした場合に何がおこるのか？
- ■ その事象が発生した場合の事の重大さが不確実
  - ■ 放射線量、ダイオキシン、たばこの害はどのくらい健康被害と関係するか
- ■ その事象がいつどこで発生するのかが不確実
  - ■ 多くの自然災害（地震・火山・洪水等）はいつどこで発生するか予測できない
- ■ その事象自身にバラツキがある
  - ■ 地盤調査・地盤材料の評価にはばらつきがある
- ■ 人為的なミスの発生も不確実
  - ■ 設計や機械操作によるヒューマンエラーはつきもの

図-2　リスク評価を不確かにしているもの

リスクを減じるためには

リスクを減らす方法は、**図-1** を見れば明らかで、事象の重大さを減らすか発生頻度を減らすせばリスクは減る。しかし、地震のような自然災害の場合は、発生頻度を人間が制御することはできないから、リスクを減じるためには、もっぱら事象を正しく評価して、発生したときの対策を事前に行うしかない（**図-3** 参照）。

その中で、リスクトレードオフも考えることは重要である。リスクトレードオフとは、あるリスクを考えているときに、それを減らす方策を取ることによって、新たに他のリスクが発生することをいう。例えば、原子力発電を止めると、そのための代替策によって別のリスクが生じる。つまり、リスクの外側のことも考えるということである。

図-3　リスクや評価の不確実さを減らすための方法

地盤リスクのいろいろ

　地盤のリスクになると、話は具体的になる。一般的に挙げれば、**図
-4** のように、地盤沈下、斜面地盤災害、土壌汚染・地下水汚染、§10
で詳述するインフラ整備で遭遇するリスクがある。技術者にとって
は、調査・設計・施工・工程管理・維持管理のあらゆる場面でリスク

図-4　地盤リスクのいろいろ

が生じることを想定しなければならない。

　今般、東日本大震災で宅地の嵩上げ造成事業や防災集団移転事業が復興事業として行われている。その中で CM 方式（コンストラクションマネジメント）という新しい方式で事業が進められている。調査・設計から施工まで一体的に行うこの方式の一つのキーワードは、まさにリスクマネジメントをどうするかであった。事業を推進するに当って、調査・設計・施工・工程管理上どのようなリスクを想定し、どのように準備しておくかが、鍵になっている。

２．仙台市で生じた宅地地盤の地震被害

　本題の「造成宅地地盤の地震災害リスク」について、まず、仙台市の造成宅地の被害を例に話を進める。

仙台市の丘陵地の宅地開発の経緯

　図-5 は、仙台市が宅地開発許可を出した面積を 1971 年から 2000 年まで、年ごとに棒グラフで表したものである。1978 年宮城県沖地震当時、1,000ha 程度の造成許可面積があったものが，20 世紀終わり

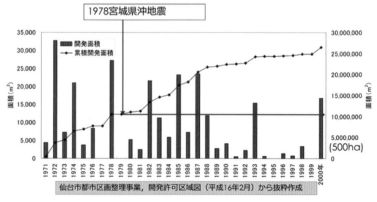

図-5　30 年間に仙台市内で開発許可された土地面積は約 2.5 倍に

までに 2.5 倍ぐらいになっている。21 世紀になってからグラフがないのは、仙台市で開発許可した地域がないからである。日本の経済が21 世紀以降停滞し、大きな宅地造成がなかったためである。

仙台市の丘陵地の宅地造成地が経験した東日本大震災の揺れ [2]

　図-6 は、東北地方太平洋沖地震において仙台市域がどのくらい揺れたかということを計測震度の色分けで表したものである。色塗り部分は、仙台市を示しているが、東側が太平洋であり、沖積低地が広がっている。西側は台地丘陵地で西端は山形市である。図の赤い部分が計測震度 6.4〜6.6 だったところである。また、図中の赤枠で囲ったエリアが丘陵地の造成地を示している。この図から、仙台市内の造成地は、震度 5 強から震度 6 強ぐらいの強震動を受けたことがわかる。

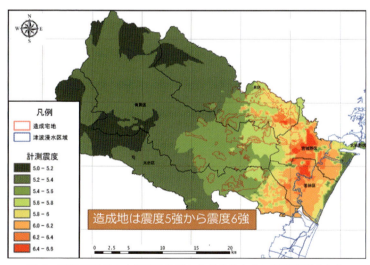

図-6　2011 東北地方太平洋沖地震における仙台市の計測震度分布 [2]

仙台市の造成宅地の住宅被害と切盛り地盤の関係 [2]

　仙台市は市内全域で戸建住宅建物と宅地がどの程度の被害を受けた

のかを網羅的に調査した。造成地の住宅は、宅地地盤が盛土部・切土部あるいはその境界のどこに立地しているのかで区分できる。ここでは、盛土・切盛境界・切土部は、**図-7** のように定義した。

①　切土地盤：もともとの地盤（地山）のところを切った部分
②　盛土地盤：地山（谷など）に土を盛ってできた地盤
③　切盛境界地盤：上記の切盛が±2m 以内の地盤

さらに、単に切土・盛土といっても、地山のもともとの角度、現地盤面の角度、地下水の位置、切盛の厚さ、地盤自身の硬軟など、その諸元は様々である。

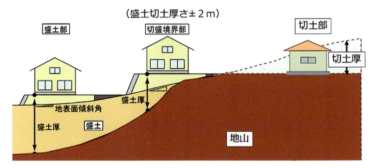

図-7　造成宅地地盤の切土・盛土・切盛り境界の定義

　一般に、地震保険でカバーされる家屋の被害は、建物自身の被害である。この建物自身の被害と区別して、建物が建っている宅地（地盤）の被害を宅地地盤の被害として調査した。仙台市の被害統計では、半壊以上の木造建物被害総数は 19,206 棟であり、その地盤別の内訳は、盛土上建物が 9,069 棟（47.2%）、切盛り上の建物が 5,890 棟（30.7%）、切土上の建物が 4,247 棟（22.1%）である。一方、宅地の被害としては、被害総数 4,766 宅地で、その内訳は、盛土が 2,626 宅地（55.1%）、切盛り境界が 1,505 宅地（30.6%）、切土が 635 宅地（13.3%）となる。注意が必要なのは、この数字は被害を受けた総数を示しており、健全なものの情報は入っていないことである。そこ

で、健全なものも含めた総数に対する割合として評価したものが**図-8**である。図を見ると、切土地盤の木造建物被害率は大規模半壊以上で1％なのに対して、切盛り境界では3.2％、盛土上では4.6％となる。

　一方、宅地地盤の被害は、切土 1.1％に対して、切盛り境界地盤で3.2％（切土に比較して 2.9 倍）、盛土で 4.8％（切土に比較して 4.4倍）となる。通常、これまでは切盛境界地盤上の被害一番多いと言われていたが、今回の仙台市では盛土上の被害が最も多かった。建物の被害率は宅地の被害率とほぼ対応しているから、上物の建物被害は宅地地盤の被害とリンクしていると言えそうである。

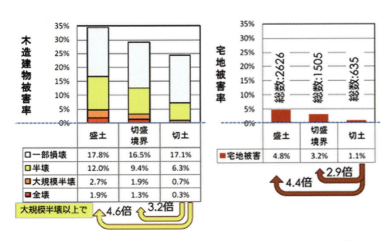

図-8　盛土・切土・切盛境界地盤上の木造建物・宅地地盤の被害率[2]

　実際、住宅は丸ごと振動台の上に載せて、震度 7 の揺れに対する安全性を実証的に確かめることができる。しかし、住宅を地盤ごと揺する実験は出来ない。建物は丈夫であってものその基礎地盤が変状をきたした場合には、建物に被害が及ぶことは必定となる。

仙台市域の造成宅地の被害発生箇所の特徴 [3~5]

　図-9 は、地図上に被害の発生した場所を落としたものある。仙台市の中心部は太平洋から 10km ほど入ったところにあり、直径 10km から 15km ぐらいのエリアが市街地である。図中の色分けは、造成年代を表している。ピンクの箇所は、1967 年以前に造成されたところ、黄色のエリアは 1968 年から 77 年までに造成されたところである。この二つのエリアが 1978 年宮城県沖地震を経験したことになる。この宮城県沖地震の際に、宅地がまとまって被害を受けた箇所は、赤四角で示した 13 カ所あるが、これらの地域はいずれも 1967 年以前に造成された地域である。その後、昭和年代に緑で示したエリアが造成され、さらに平成に入り青いエリアが造成された。2011 年東北地方太平洋沖地震の際に、まとまって被害を受けた地域を赤丸で示すが、全部で 64 カ所ある。図を見ると、古い年代の造成地ほど被害が多くなっている。また、1978 年に被害を受けた 13 カ所は、漏れなく再度被害を受けたことがわかる。

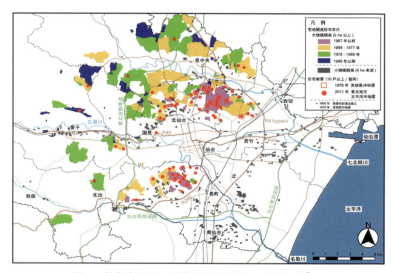

図-9　仙台市周辺の造成宅地開発状況と地震被害 [5]

　古い年代で開発した地域で被害が多かった理由として考えられることは 4 つほどある。一番大きな理由は、①1968 年に新都市計画法が施行され、その時に初めて 1961 年の宅地造成等規制法に則り開発行為をすることが実質化された。つまり、それ以前は締固め、排水工、盛土材料の選定など技術的配慮が法律的に義務付けられていなかったのである。2 番目に、②1978 年宮城県沖地震を受け、1981 年新耐震設計法ができ、建物の構造は耐震強化され、建物の被害は相対的に基礎地盤の被害に比べ、目立たなくなった。3 番目に、③盛土材料によっては経年劣化で脆弱化した可能性もある。最後に、施工にあたったゼネコンに聞いても明確ではないが、④造成計画・施工技術が進んだ可能性もある。

　被害を受けた一般の方が、自分が住んでいる地盤がどういう地盤だったのかを調査して知ることはできないので、被害原因を地盤の持つ素因に帰着させるのはかなり難しい。

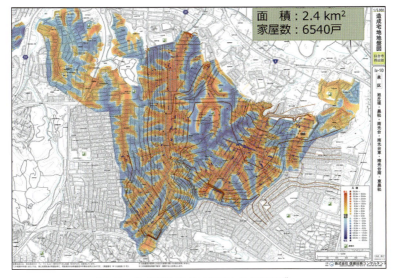

図-10　造成宅地地盤の切盛と地震被害[6]

　我々の研究[6]では、市内全域とは行かないので、ある狭い地域を網羅的に調べた。図-10 は、2.4km² の丘陵地の開発領域での切盛図を示している。橙色は盛土をした地域であり、昔の地形である谷や枝谷を埋めた様子がよくわかる。一方、青色で示したところは、切ったところを示している。ここに、約 6,500 戸の家がある。この地域で、建物や宅地の被害がどのようなところに多く発生したのかを調べた結果、谷埋め盛土の末端部（旧谷の平地部への出口のところ）や盛土厚の厚いところで、被害が顕著であったことなどがわかっている。

造成宅地地盤内の震動の違い―盛土部は切土部より揺れやすい―

　被害の原因は、揺れを受ける側の素因以外に、実際にその地盤がどのくらい揺れたのかという誘因側（外力）の事情も関係する。図-11 は、仙台市内のある造成地の 3.11 の後の一連の余震の中で最大となった 4 月 7 日に起こった余震（M7.1）の際に観測した最大加速度と計測震度を示している。この地域に、震災前から宅地の地面と 2F の床レベルに地震計を設置していたものである。先の切盛図と同様、赤で示したところが盛土、青で示したところが切土である。No.2（盛土部）と No.3（切土部）の宅地を比較すると、切土部の真ん中に位

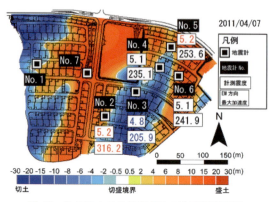

図-11　仙台市内のある造成地の地震観測事例

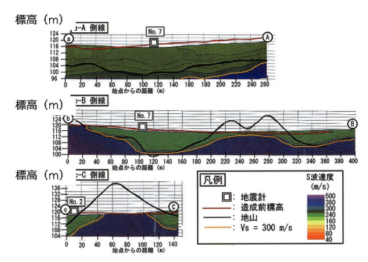

図-12　表面波探査の例（図-11 の No.2, 3 を通る側線）

置する No.3 宅地の最大加速度 206Gal、計測震度 4.8 に対して、盛土
部に位置する No.2 宅地では最大加速度 320Gal、計測震度 5.2 とな
る。この二つ地点の距離はおおよそ 100m 以下の距離である。このよ
うな近距離でも、盛土と切土の地震応答の差は、計測震度で 0.4、最
大加速度で 1.5 倍となった。

　例えば、建物や地盤が壊れるか壊れないかの敷居値が、盛土上の震
度と切土上の震度の間に位置する場合には、盛土上の宅地と切土上の
宅地に位置する建物被害に差が出てくる可能性がある。

　現在の技術では、表面波探査（**図-12** 参照）によって、昔の地形や
地盤の硬軟がわかるので、現状地盤を三次元でモデル化して、全体を
ある地震動で揺する地震応答解析ができる。すなわち、この造成宅地
エリアのすべての地表の計算格子点で、どれくらい揺れがあるのかを
計算できる。実際に、それをやると計測震度の等高線が**図-13** のよう
に描けた。結果を見ると、盛土の谷を埋めたところの真ん中のところ
が一番揺れやすく、計算上も盛土部と切土部において計測震度にして

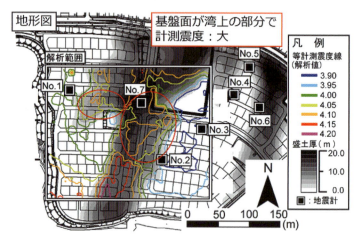

図-13　三次元地震応答解析から求めた切盛地盤の計測震度の差異

0.3 程度違うという結果が得られた。

仙台市で行われた復旧事業

　仙台市で行った復旧事業は、主に造成宅地滑動崩落緊急対策事業である。この事業は平成 23 年度第 3 次補正予算で新たに創設されたもので、**図-14** に示す適用要件を満たすところに適用された。

　当初、宅地は私有財産であり、個人負担が原則であるので、行政が関与することには消極的な意見もあった。確かに、個々の宅地が被害の復旧において個々人が独自に対応できればよいが、ある程度まとまった戸数で被害が出ていて、復旧が個人の力を超える場合が多いため、行政がこの制度を新たに創設し、復旧したものである。

　もう一つの事業は、災害関連地域防災がけ崩れ対策事業である。その適用要件は、**図-15** のとおりである。

　さらに、これらの事業で救えない擁壁等の復旧のために、仙台市は独自の助成金支援制度を作って対応している。擁壁復旧工事費のうち、まず 100 万円分を個人負担控除とし、残りの 9 割を上限 1,000 万

私有財産である宅地の復旧は，個人負担が原則だが，この度の大震災における甚大かつ広範囲にわたる被害を踏まえ，早急に被災宅地の復旧を進め防災機能の向上を図るため，まとまった範囲で宅地被害が発生している地区について，再度災害防止の観点から公共事業による復旧を推進

➡ **造成宅地滑動崩落緊急対策事業**

➡ 今回新たに設けられた事業，以下の(1)または(2)に該当し，かつ(3)の恐れがあるところが対象

(1) 盛土面積が3,000㎡以上，かつ盛土上に存在する家屋が10戸以上

(2) 盛土前の地盤面が20度以上かつ盛土高さが5m以上，かつ家屋が5戸以上

(3) 当該盛土の滑動崩落により，次のいずれかの施設に被害がおよぶおそれのあるもの

○ 道路（高速道路，国道，県道，市道），河川，鉄道

○ 地域防災計画に記載されている避難地または，避難経路

○ 家屋10戸以上（当該盛土上に存するものは，除く）

図-14　仙台市で行った宅地復旧事業（国の補助金による公共事業①）
（仙台市ホームページより）

➡ **災害関連地域防災がけ崩れ対策事業**

従来からある事業，今回の地震では一部条件が特例により緩和され，以下の条件に当てはまるものが対象

(1) 斜面・人工斜面（宅地よう壁等）が対象

(2) がけ高さ3m以上で，人家に被害があり，さらに周辺住民に二次的被害を生ずるおそれのある斜面・人工斜面

(3) 保全対象家屋（人家）が2戸以上

(4) ライフライン等の公共施設に被害のおそれがある箇所

図-15　仙台市で行った宅地復旧事業（国の補助金による公共事業②）
（仙台市ホームページより）

円まで補助するものである。結果として、かなりの部分を行政が手助けして救ったことになる。

３．地盤情報の開示

　復旧の過程に何回か報道の取材を受け、これから先に震災を受けるリスクのある地域をどう洗い出して、事前対策を行うかという話が当

然のように質問された。これについては、すでに国土交通省でも宅地耐震化推進事業として取組んでいる。具体的には、大地震等が発生した場合に、大きな被害が生ずるおそれのある大規模盛土造成地において、変動予測調査（大規模盛土造成地マップ作成）を行い住民への情報提供等を図っている。この変動予測に関する調査に要する費用の1/3を国が負担する。さらに、調査によって、大地震等が発生した場合に滑動崩落するおそれが大きい、一定の要件を満たす大規模盛土造成地において滑動崩落防止工事が行われる場合、工事に要する費用の1/4を国が負担する大規模盛土造成地滑動崩落防止事業がある。

中越地震を契機に創設したこの事業は、私有財産である宅地の耐震安全性を高めるためのもので、それを国が費用負担するというのはある意味画期的なものである。しかし、実際には、地方自治体はこれにかける財源がないことや、寝た子を起こすことになりかねないという事情から、この事業の適用例は少ない。現状で、実際に変動予測調査をやった自治体の内、全国 1,742 自治体のうち約 30％が平成 27 年 7 月 1 日時点で調査結果を公表している（注：平成 27 年 4 月時点で13.7％であったから、情報開示は急激に進んでいる）。それを地域別に見ると、**表-1** となる。東京都と鳥取県は 100％情報開示が進んでいる。宮城県は仙台市が公表しているだけで 2.9％になっている。総じて、東日本の自治体の動きが早い状況が見える。公表していない自治体の理由は、すべての盛土が危険なわけではないのに住民の不安をあおるとか、不動産価値の影響が懸念されるということである。

仙台市は、平成 26 年、造成地の切盛地図を造成年代も含めて全国で初めて公表した。仙台市の場合は、大きな地震をすでに経験して、隠しておく必要もないのが大きな理由である。実際には、この切盛り図は震災前に出来ており、当時は公表されていなかったものである。

一方、情報開示の話として NHK の取材で対極に取り上げられたのが広島市である。広島市は住民の過度の不安とか風評被害を招くので開示しないという理由を示していたが、それは平成 26 年 1 月の話である。奇しくも同年 7 月に広島市は豪雨による土石流災害を受けて、

**表-1　都道府県別の「大規模盛土造成地の有無等の確認」調査結果を公表した
市区町村の割合**（平成 27 年 7 月 1 日現在）（国土交通省ホームページより）

都道府県	公表率	都道府県	公表率	都道府県	公表率	都道府県	公表率
北海道	69.3%	東京都	100.0%	滋賀県	42.1%	香川県	0.0%
青森県	85.0%	神奈川県	72.7%	京都府	3.8%	愛媛県	0.0%
岩手県	54.5%	新潟県	20.0%	大阪府	2.3%	高知県	2.9%
宮城県	2.9%	富山県	0.0%	兵庫県	2.4%	福岡県	0.0%
秋田県	68.0%	石川県	0.0%	奈良県	0.0%	佐賀県	0.0%
山形県	60.0%	福井県	23.5%	和歌山県	36.7%	長崎県	0.0%
福島県	35.6%	山梨県	3.7%	鳥取県	100.0%	熊本県	0.0%
茨城県	0.0%	長野県	9.7%	島根県	0.0%	大分県	0.0%
栃木県	0.0%	岐阜県	19.0%	岡山県	0.0%	宮崎県	46.2%
群馬県	0.0%	静岡県	77.1%	広島県	0.0%	鹿児島県	0.0%
埼玉県	71.4%	愛知県	72.2%	山口県	0.0%	沖縄県	0.0%
千葉県	7.4%	三重県	17.2%	徳島県	0.0%		

74 名の方が亡くなった。そのとき、土石流の危険区域を適切に開示していたかどうかも問題になったことは記憶に新しい。ここで、広島市を批判するつもりは全くないが、情報開示は全国的に進みつつある状況にある。

4. 訴　訟

　宅地の地震被害が訴訟に発展する事例もある。まず、裁判の話では、「認容率」という用語を覚えてほしい。「認容率」は「原告側が勝つ割合（％）ことをいう。裁判の決着として、判決に至らないで和解する場合も多いが、判決に至った場合、通常の訴訟の場合の認容率は84％ほどである。一方、地盤リスクに関連した判決例では、認容率は39％ほどである。さらに、認容率がもっと低いのは医療訴訟の場合で、32％ほどである。通常の裁判では、裁判を起こす側が勝つと思っ

て訴えるため、8 割ぐらいが原告勝訴となる。ところが、地盤や医療の訴訟では、特殊な技術や知識に判決が左右されるため、原告が被告側の瑕疵を証明できないことが多いからである。地盤リスクに関連した裁判の認容率は**図-16** になる。

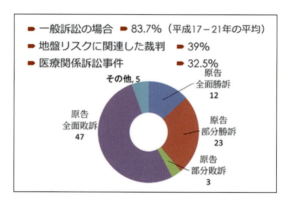

図-16　地盤リスクに関連した裁判の認容率：原告の勝訴率[7]

　さらに、一度裁判になると、地盤工学的な判断が必要な裁判の審議期間は、平均的に約 8 年以上かかる。訴訟に訴えても、労が多く大変であるが、震災後も地盤関連の訴訟は増えている（**図-17** 参照）。

　このようなリスクに関して過度に敏感になると、例えば、調査・設計・施工の場面で、リスクを逃れるために、過度な配慮や、基準に細部までこだわるような対応もあり、保守的になる傾向になる点は問題である。

　裁判の争点の中で最も多いのは、原因となった震災が予測可能であったかどうかである（**図-18** 参照）。設計を大きく超える強震動を被った場合には、責任を問われないのであるが、これは程度問題である。端的な例（**図-19** 参照）を紹介すると、擁壁の崩落によって建物の不同沈下が起こって、工務店側が「震災のための不可抗力だった」と主張したとしても、震度 5 強程度で擁壁が壊れた場合には、瑕疵を

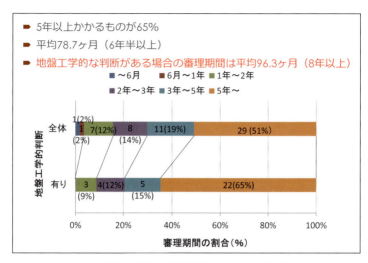

図-17 地盤工学的な判断がある場合の審理期間 [7]

問われる可能性が高い。他の周辺の擁壁はその程度の揺れでは多くが
壊れないからである。また、工務店側が、「受注時に擁壁の費用とし
て 100 万円しか出せないと言うお客さんの事情があり、その安い予算
ではその程度のものしかできませんでした。」と主張したとしても、
それも言訳にはならない。仮に、そのような場合には、工務店は「そ
の予算では耐震的なものはできません」とその時点で説明すべきだか

- 原告適格性：原告側に訴える権利があるのか
- 対象物が誰の所有でその管理者は誰か
- 原因が予測可能であったか（異常な豪雨、強い地震な
  どの場合、責任は問われないことが多い）
- 原因は何か：例えば、地質・地下水・崩壊のメカニズ
  ムなど
- 地盤工学的対応の適切性：調査、設計、施工、維持管
  理の仕方
- コメント：リスクを恐れて保守的になる傾向がある。

図-18 様々な争点 [7]

```
■擁壁の崩落によって建物の不同沈下事故
工務店側の主張：
✓ 震災のため、不可抗力
 →震度5強程度では擁壁は壊れてはならない。
  周辺の擁壁の多くは壊れていない.
✓ 予算面の話：予算面の多寡の事情があった
 →安かろう、悪かろうは理由にならない
✓ コンクリート材料の十数年程度の経年劣化
 →十数年程度ではコンクリート材料の経年劣化はない
```

図-19　地震被害に関わる判例

らである。さらに、経年劣化も時として問題になるが、例えば、コンクリートの擁壁が十数年程度で劣化したと主張しても、余程の劣悪な環境でない限り、コンクリート材料は十数年程度では経年劣化はしないから、これも認められない。

5．まとめ

　造成宅地地盤の地震災害リスクのまとめを**図-20** に示す。今次の震災では、古い造成地に被害が多く発生したが、これは他の地域でも大よそ当てはまると思われる。また、仙台市の造成宅地の盛土上宅地の被害率が切土上宅地の約 4 倍であったが、これについては 4 倍もあると思う人もいれば、全体から見れば被害は限られていて盛土であっても被害率が 4％で済んだと考える人もいる。問題はこのようなリスクを判断するための地盤情報の開示が進んでいない点である。情報開示をすれば、市民がリスクを自ら考えることになり、行政に頼る場面は少なくなる。今後は、地盤情報は公のものとして公表するのが基本であり、そうなった場合には、逆に今次のような行政の手厚い復旧に関する補助は少なくなる可能性がある。しかし、私有財産は自らが守ることになり、結果として社会全体として地震による地盤災害のリスク

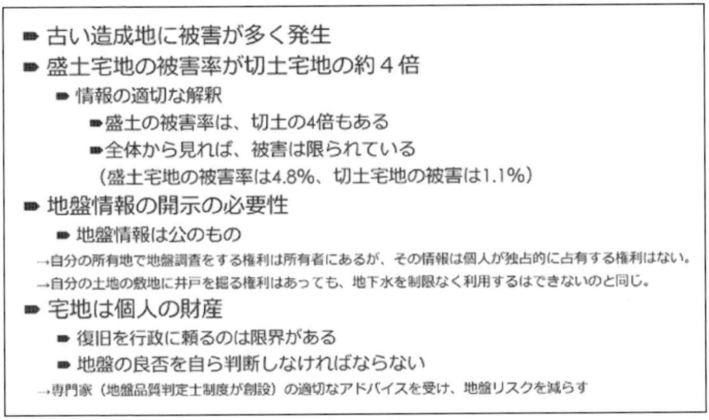

図-20　造成宅地地盤の地震災害リスクのまとめ

は減るものと考えられる。地盤工学会では、震災後に日本弁護士会とも協力し、この件について意見交換の場を持ったが、地盤情報開示についてコンセンサスはとれていると考えている。

　まとめると、結局のところ、宅地というのは個人財産なので、自分が住んでいる地盤の良否を自ら判断しなければならない。しかし、一般の人が地盤の地震災害リスクに関して適切に理解することは難しい面もあるので、その場合には専門性のある技術者に適切なアドバイスを受ける必要がある。地盤品質判定士制度が3年ほど前にできているので、専門家の適切なアドバイスを受けて、地盤リスクを減らしていただきたい。以上、造成宅地の地震被害リスクの話題を紹介した。ご清聴ありがとうございました。

参考文献

1) 地盤工学会：役立つ!! 地盤リスクの知識—自然災害に負けない地盤がわかる本、2013 年
2) 佐藤真吾、風間基樹、大野 晋、森 友宏、南 陽介、山口秀平：2011 年東北地方太平洋沖地震における仙台市丘陵地造成宅地の被害分析—盛

　土・切盛境界・切土における宅地被害率と木造建物被害率―、日本地震
　工学会論文集　Vol.15, No.2、pp.97-126、2015 年

3)　風間基樹：2011 年東北地方太平洋沖地震による地盤災害と復興への地盤
　工学的課題、東日本大震災に関する技術講演会講演会論文集―巨大地
　震・巨大津波がもたらした被害と教訓―、pp.41-66、2012 年 2 月

4)　森 友宏、風間基樹、佐藤真吾：東日本大震災における仙台市の大規模造
　成宅地の地震被害調査―5 つの造成地における全域踏査―、地盤工学
　ジャーナル　Vol.9, No.2、pp.233-253、2014 年 6 月

5)　若井明彦, 佐藤真吾, 三辻和弥, 森 友宏, 風間基樹, 古関潤一：東北地方
　太平洋沖地震による被害調査報告 地域別編 ―宮城県内陸 仙台市内の造
　成宅地を中心に―、地盤工学ジャーナル　Vol.7, No.1、pp.79-90、2012 年
　3 月

6)　森 友宏、風間基樹：2011 年東北地方太平洋沖地震における仙台市泉区
　の谷埋め盛土造成宅地の被害調査、地盤工学ジャーナル　Vol.7, No.1、
　pp.163-173、2012 年 3 月

7)　稲垣秀輝ほか：6. 裁判例から見た地盤リスク（地盤工学におけるリスク
　マネジメント）、地盤工学会誌　Vol.59, No.11、pp.98-105、2011 年 1 月

§3 交通地盤工学におけるリスク低減

早野公敏

1．はじめに

　国際地盤工学会の中に TC202「Transportation Geotechnics」という技術委員会（委員会セクレタリー：北海道大学の石川達也教授）があり、筆者もこの委員会に参画している関連で「交通地盤工学におけるリスク低減」というテーマを本章で紹介する。具体的な内容は、

① 交通地盤工学について

② 交通地盤工学におけるリスク

③ リスク低減の試みの事例

の三つである。「リスク低減の試みの事例」では、空港アスファルト舗装と鉄道バラスト軌道の事例を紹介する。

2．交通地盤工学について

　まず、交通地盤工学について簡単に紹介する。交通地盤工学では道路工学・鉄道工学等と地盤工学の境界領域を扱う。**図-1** は道路と鉄道の施設の例を表しているが、この図の道路では一番下に基礎地盤があり、その上に路床があり、路盤を挟んで一番上に表層・基層がある。表・基層にはアスファルトやコンクリートが使用される。交通地盤工学では、路床・路盤を主な対象とするが、場合によっては基礎地盤や表・基層まで含むことがある。鉄道の場合は、この図では盛土があり、その上に路盤、バラストそしてまくらぎやレールがある。ここには示していないが、盛土の下には基礎地盤がある。交通地盤工学で

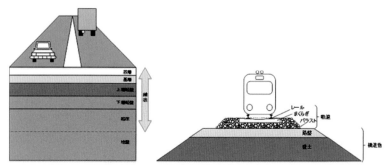

図-1　交通地盤工学（道路・鉄道工学等と地盤工学の境界領域）

はバラストや路盤を主な対象とするが、道路の場合と同じようにまく
らぎやレール、盛土や基礎地盤を含む場合がある。

　交通地盤工学の特徴の一つとして、自動車や列車、航空機等の交通
荷重の影響を考慮して、道路施設、鉄道施設、空港施設等に必要な材
料や構造を追求するという点がある。これは、地盤工学の他の分野
で、例えば、地震や豪雨の影響を考えて材料や構造を追求するアプ
ローチがあるのに対して、交通地盤工学のアプローチの特色を際立た
せるものと言える。

　交通地盤工学のアプローチの特色を表す一つの事例として、関西国
際空港の舗装構造を紹介する。関西国際空港は海上の沖合を埋め立て
た人工島の上に建設されていて、人工島は 1 期島と 2 期島がある。

　図-2 は、1 期島と 2 期島のそれぞれの滑走路に用いられた材料と構
造を示している。1 期島の場合、埋立て地盤の上にセメントで安定処
理された路床があり、路盤を挟んでアスファルトコンクリートの表
層・基層がある。路床から表層まで合計 111cm の厚さである。一
方、1 期島の後に建設された 2 期島になると 60cm の厚さで 1 期島の
厚さの半分近くになっている。筆者が横浜国立大学に移る前の港湾空
港技術研究所に在籍していたときに、この 2 期島の滑走路の舗装構造
が関西国際空港株式会社によって検討されていた [1]。新しい材料を使
用したり、**図-3** に示すように、航空機ボーイング 747 の 1 脚相当の

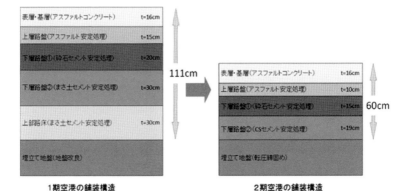

図-2 空港舗装材料・構造の高度化 [1]

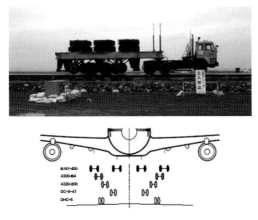

図-3 航空機荷重を考慮した走行載荷試験 [1]

約 100 トンの荷重を実際に走らせ、何回ぐらい走行すると路床が破壊するかを調べたり、さらに新たに理論的設計法を導入したりして、1期島のものに比べてスリムな構造が導入された。この関西空港の空港舗装の事例のように、交通荷重に対してライフサイクルやコストパフォーマンスに優れた材料構造を追求していくということが、交通地盤工学における研究開発の一つの柱になっている。

3．交通地盤工学におけるリスク

　道路や鉄道あるいは空港施設等が建設された後、供用が開始されると自動車や列車、航空機等が日常的に走行することになる。交通荷重を繰返し受け、さらに雨や雪、太陽熱などの気象環境にさらされると、施設の材料が次第に劣化し、構造に不具合が生じることがある。交通地盤工学が扱う領域でも、道路が突然陥没したり、真夏に鉄道のレールが突然ゆがんだりして、施設が供用できなくなることがある。交通地盤工学の分野における"リスク"というものを考えると、「供用中の劣化に伴うリスク増加」が特徴的な点であると言える。

　図-4 に施設のパフォーマンスカーブの例を示した。供用中の劣化に伴いパフォーマンスは徐々に低下していく。例えば道路の場合、路面の平たん性が悪くなったり、わだち掘れが進行したりしてインシデント発生のリスクが増大する。リスクを低減するためには、パフォーマンスカーブのばらつきを考慮した劣化速度の評価、あるいは早期劣化箇所の検知や予測が重要な課題になる。さらには劣化の進行が遅い、いわゆるベストプラクティスの材料や構造を追求していくことがリスク低減のための必要なテーマとして考えられる。

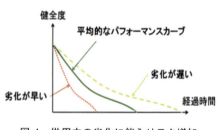

図-4　供用中の劣化に伴うリスク増加

4．リスク低減の試みの事例

　本節ではリスク低減の試みの事例として、
①　空港アスファルト舗装の剥離探査技術の開発で早期劣化箇所を迅速に検知する試み

②　鉄道バラスト軌道の座屈防止のために地震による劣化進行を予
　　測する試み
の２つを紹介する。

空港アスファルト舗装の剥離探査技術の開発
　図-5 は 2000 年 7 月 2 日、名古屋空港において滑走路末端の表層
5cm が破損したときの状況である[2]。破損が生じると、航空機の走行
安全性にリスクが生じるとともに、破片がデブリとなりエンジンへの
吸引という重大な事故を引き起こすおそれが生じる。滑走路に破損が
生じたメカニズムについては、当時いろいろと検討されたが、道路舗
装でもときどき生じるブリスタリングが原因の一つであると考えられ
た。何らかの理由で、例えば梅雨のときに、アスファルト舗装帯内に
水が入って、それが滞留する。夏場になると気温が上昇し、それに合
わせて舗装温度も上昇する。一方で日常に供用しているうちに航空機
の繰返し走行によって表層のアスファルトコンクリートの空隙が小さ
くなり、透気性が悪くなる。そうすると舗装帯内の水分の蒸気化が生
じても舗装帯外に排気されにくくなり、蒸気圧が上昇する。この結
果、1 層当たり 5〜6cm の厚さのアスファルトコンクリートが**図-6** に
示すように持ち上げられてブリスタリングが起こり、剥離が生じて破
損したものと考えられている。
　空港施設で剥離が生じる箇所は、**図-4** のばらつきのあるパフォー
マンスカーブの中で、特に劣化が早いカーブを示すことになる。前節

図-5　空港アスファルト舗装の層間剥離[2]

56

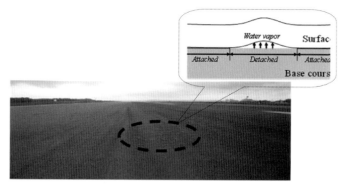

図-6　滑走路における損傷箇所

で述べたように、リスクを軽減し重大なインシデントを回避するという点で、このような早期劣化箇所を迅速に検知するということが重要になる。

　剥離を検知する技術として、トンネルのコンクリート壁などによく使用される打音調査があるが、滑走路の幅は 40〜50m、距離は 2〜3km あり、膨大な作業者・人数・時間が必要になる。筆者も実際に滑走路で打音調査を実施した経験があるが、ずっとかがんだまま作業するので、腰をかなり痛めてしまう劣悪な作業環境である。

　そこで、赤外線カメラを用いた剥離箇所の検知技術が港湾空港技術研究所や国土技術政策総合研究所によって考案された。適用に際しては、滑走路は日中供用しているため夜間調査で赤外線カメラを用いることに留意する必要がある。**図-7** に示すように日中太陽熱が舗装帯に蓄熱されて、それが夜間には放射されるが、剥離のある箇所では空隙があるために下からの熱の供給は受けない。その結果、夜間には剥離のある箇所は周辺の健全箇所に比較して低温部になるということが予想された[3]。

　当時、筆者は港湾空港技術研究所に在籍していたが、赤外線カメラを利用した検知技術の開発に際しては、まず気象環境シミュレーション装置を使って、夜間の時間帯に低温部が出現するかを確認した。**図**

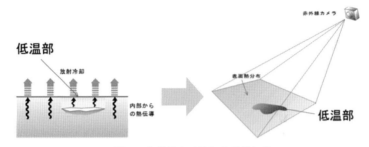

図-7 赤外線カメラによる検知 [3]

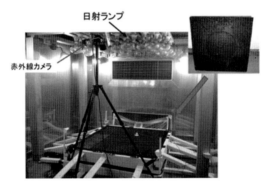

図-8 気象環境シミュレーション装置を用いた室内試験 [3]

-8 の気象環境シミュレーション装置の部屋の中には剥離を模擬したアスファルト舗装模型を置き、赤外線カメラで舗装表面の温度を測定した。剥離の存在する深度は、表面から 6cm 下、12cm 下あるいは 18cm 下になっている。空調装置と日射ランプを使って 1 日の気温や日射量の変化を再現しており、夏場の環境を再現すると、**図-9** に示すように日中の 15 時ぐらいに舗装表面の温度は 60℃を超える。一方、22 時あるいは翌日の 4 時になると 30〜40℃まで低下し、30℃くらいの表面温度の変化が生じる。そして、図の少し丸いところが、低温部であり、これは人工的に剥離している箇所の表面にあたる。このように赤外線カメラを使ってアスファルト舗装の剥離箇所を、夜間に

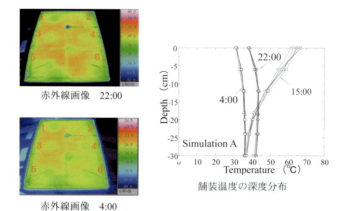

赤外線画像　22:00

赤外線画像　4:00

舗装温度の深度分布

図-9　アスファルト舗装模型の表面温度および深度分布の変化 [3]

低温部として検知できる可能性が基礎的実験によって確認できた。ただし、表面から 18cm ぐらいの深さの剥離は検出できず、朝の一番機が飛び立つ時間帯での検出は難しくなるといった限界がある。

　室内実験により、剥離を検知できる可能性が見いだされたので、次に現場で赤外線カメラを用いた調査を実施した [4]。**図-10** のようにカメラを搭載した車を走行しながら撮影した。1 回の走行で調査できる幅が 4m 前後なので、何回も滑走路を繰返し往復して撮影する。それでも 2 晩で滑走路全体の撮影が終了したので、打音調査に比べればはるかに効率が良い。**図-11** が実際に捉えた画像の例で、上が赤外線画像で下が可視画像である。少し青っぽいところが低温部で、剥離の存在が疑われる箇所ということになる。剥離の疑いがあるとして検知される箇所はだいたい直径が 20〜80cm の大きさである。9 月に赤外線調査を実施したが、約 1 カ月前に打音調査を実施していて、この打音調査で異音となったところは可視画像上で白くマーキングされている。異音が聞かれた箇所はドリルで削孔して水蒸気を抜くといった補修も一部あわせて行われた。赤外線カメラによる調査の結果、ある箇所は補修の結果、健全であるとか、別の箇所は補修がされなかっ

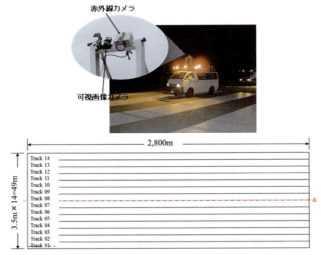

図-10 滑走路での赤外線撮影の様子と走行レーン [4]

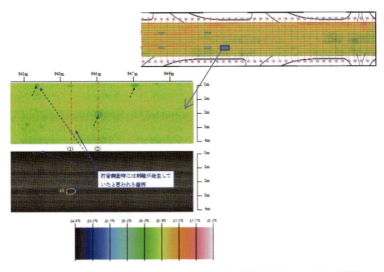

図-11 斑点状の温度低下部分が認められた熱画像（上部）と同時に撮影
された可視画像（下部）（撮影レーン 3,940〜950m） [4]

たか、あるいは補修後に再び剥離が生じてしまったかということも分かる。この事例のように剥離箇所を赤外線カメラを利用して効率的に検知できるので、いくつかの空港で試みが進んでいるが、気象条件が悪いと検知できなかったりするので課題が残っている。

　滑走路や誘導路の大規模補修の際には、剥離によって早期に劣化が進行しないようにする必要がある。すなわち**図-4** の劣化進行の遅いパフォーマンスカーブを追求する必要がある。研究の結果、対策としては、改質アスファルトを使用して表層の空隙率の低下を防いだり、表層の層厚を厚くし1層目と2層目の境を深くして、なるべく舗装温度が上がらないようにして蒸気化を抑制したりすることがとられています。またその他に層間の付着力を強くするタックコートを使用するといったことが行われている。

鉄道バラスト軌道の地震時における座屈防止

　2つ目の事例として、鉄道バラスト軌道の地震時における座屈防止について紹介する。2015年5月30日の高山本線で、曲線の外側方向に 15m にわたってレールが最大で 63mm ひずんだことが報告されている。まくらぎ周辺のバラスト量が徐々に少なくなり、レールのたわみを抑えるための抵抗力が小さくなったことが要因であった。

　バラストとは、レール下のまくらぎの周辺に敷き詰められている砕石である。当該の箇所はレールの曲線部で、軌道の外側と内側で高低差があるところ、すなわちカント部であり、列車走行の繰返しに伴ってバラストが少しずつ外側から内側に動いたことが理由として考えられる。レールがたわむと、前述の滑走路の事例と同様に、列車の走行安全性を損なうリスクが増加する。

　滑走路の事例では、夏場になると舗装表面温度が日中で 60℃くらいまで上昇することを紹介した。鉄道のレールについても、日中にレールの温度が上昇し、鋼材であるレールが伸びようとする。実際には伸びが拘束されているためレール軸力が増加して、**図-12** のように座屈しようとする力が発生する。このとき、バラストがまくらぎの水

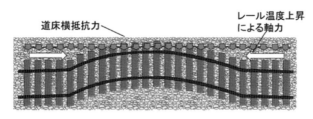

図-12　温度上昇に伴うレールの座屈と道床横抵抗力

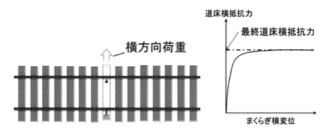

図-13　道床横抵抗力試験

平移動を抑制しレール座屈の発生を抑える。この抑える力は道床横抵抗力と呼ばれ、道床横抵抗力試験で測定される。この試験は**図-13** に示すように、まくらぎを 1 本あるいは複数本を同時に水平方向に単調載荷して、どれだけの抵抗力を発揮するかを調べるものである。通常、抵抗力は徐々に最大値に収束していき、最終道床横抵抗力に至る。

　高山線の事例のようにバラストが列車の走行繰り返しに伴って少しずつ移動してしまうというようなことがなければ、道床横抵抗力を上回る力が発生して座屈が生じるケースはない。しかし、例えば**図-14**のように地震で橋台背後の盛土部の境で不同沈下を生じると、まくらぎが浮いた状態になる。このとき、まくらぎ周辺のバラストが少なくなるので、道床横抵抗力が減少することが予測できる。あるいは盛土部分には被害がなくても、バラストの緩みが生じて道床横抵抗力が下

図-14　過去の地震被害の例 [5]

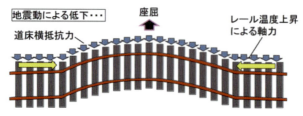

図-15　地震時における座屈発生リスクの増加

がり座屈が発生する恐れ [5] がある。すなわち、道床横抵抗力が普段の
ときには確保されていても、地震時に道床横抵抗力が低下して座屈発
生リスクが高まるかもしれないということになる（図-15）。

　そこで、地震が道床横抵抗力に及ぼす影響を評価するために、まず
小型模型（1/5 模型軌道）を用いた傾斜試験による道床横抵抗力試験
を行った [6]。図-16 に示すように、傾斜機構を有する試験土槽を用い
て、模型軌道に水平方向の慣性力を準静的に作用させた。これは地震
時の慣性力を模擬したものである。模型軌道は、模型まくらぎ 1 本も
しくは模型まくらぎ 3 本と模型道床バラストから構成されている。道
床形状は、道床肩幅 100mm、道床厚 40mm とし、曲線部の場合はカ
ント 40mm とした。傾斜角度は、0 度（常時）と 20 度（水平加速度
357gal 相当）とし、載荷試験では、準静的な慣性力を加えたまま、ま
くらぎ長手方向に水平載荷を行った。図-17 に道床横抵抗力試験結果
を示すが、傾斜機構により水平方向の慣性力を加えると、模型まくら

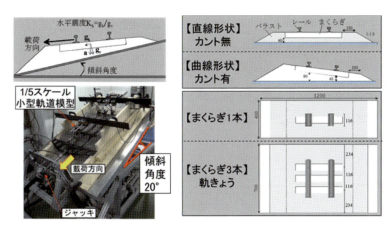

図-16 小型模型（1/5 スケール）を用いた道床横抵抗力試験の状況と試験条件 [6]（単位：mm）

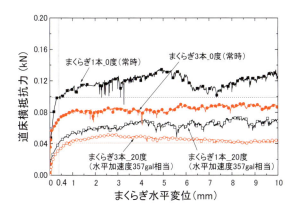

図-17 小型模型道床横抵抗力試験による道床横抵抗力 [6]

ぎ1本の場合も模型まくらぎ3本の場合も道床横抵抗力が低下することがわかった。

　小型模型傾斜試験を実施したのち、より実際の現象に則した、地震による道床横抵抗力への影響を評価するために大型振動台試験が鉄道

総合技術研究所で行われた[6]。大型振動台試験の状況を**図-18** に示す。実物大模型は、道床厚 200mm、道床肩幅 500mm、道床の法面勾配 1：1.8 である。道床形状は、小型模型傾斜試験と同様に、直線部と曲線部の 2 種類であり、曲線部の場合はカント 200mm になっている。模型はまくらぎ 1 本の場合とまくらぎ 3 本の軌きょうの場合の 2 種類である。道床横抵抗力試験は、加振試験前および正弦波 800gal 加振後の軌道模型に対して、まくらぎ長手方向に載荷した。**図-19** に道床横抵抗力試験結果を示すが、模型まくらぎ 1 本の場合と模型まくらぎ 3 本の場合のどちらとも地震後に道床横抵抗力が低下している。このように地震中あるいは地震後に道床横抵抗力が下がるということが実験的に検証され、座屈リスクが高まることが実証された。

　地震時の道床横抵抗力の低下に対して、有効な対策が必要である。

図-18　実物大模型を用いた振動台試験 [6]

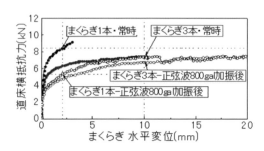

図-19　実物大模型を用いた振動台試験による道床横抵抗力 [6]

対策方法の一つとしてまくらぎに工夫することが考えられている。**図-20** は座屈防止板を取り付けたまくらぎ、あるいは側面に突起を付けたまくらぎである。後者は翼付きまくらぎと呼ばれているが、**図-21** の道床横抵抗力試験結果に示すように道床横抵抗力が上がることが確認されている[7]。

図-20　座屈防止板や翼付きのまくらぎ

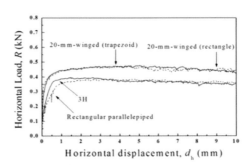

図-21　小型模型試験による翼付きまくらぎの道床横抵抗力

5．まとめ

　交通地盤工学の分野では、施設供用の劣化に伴うリスクの増大が特徴的である。ばらつきを考慮した劣化速度の評価、早期劣化箇所の検知や予測、劣化が遅い（ベストプラクティス）材料や構造の追求等が、リスク軽減のための重要な課題となっている。また、最近では地震時に道路の陥没が起きたり、段差が生じたり、あるいはバラスト軌道の事例で紹介したように道床横抵抗力が急に低下したりするなど、地震時のリスク増加については、これまであまり詳しく検討されてきていない。今後、施設供用の劣化に伴うリスクの増大に加えて、地震時のリスク増大に関連して、耐震性や対策の十分な検討が期待される。

参考文献

1) 前川亮太・島田　敬・福岡知久（2006）：原型荷重車走行試験による空港アスファルト舗装の構造設計、舗装工学論文集 11、17-22.

2) 久保　宏・八谷好高・長田雅人・平尾利文・浜　昌志（2004）：最近の空港アスファルト舗装の損傷と改良工法について、舗装工学論文集 9、35-40.

3) 早野公敏・水上純一・鈴木哲雄（2007）：層間剥離を有するアスファルト混合物層の表面温度分布特性に関する実験的検討、地盤工学ジャーナル 2(1)、1-10.

4) 早野公敏・前川亮太・鈴木哲雄・橋爪秀夫（2008）：連続式赤外線撮影による空港アスファルト舗装の層間剥離探査の試み、地盤工学ジャーナル 3(1)、13-23.

5) 桃谷尚嗣・中村貴久・曾我部正道・浅沼　潔（2013）：バラスト軌道の地震時変形挙動を評価する、RRR Vol.70, No.3、pp.24-27.

6) 中村貴久・桃谷尚嗣・早野公敏・小川隆太（2014）：地震時におけるバラスト軌道の道床横抵抗力特性、土木学会論文集 E1（舗装工学）、Vol.70, No.3、I_79-I_86.

7) Koike, Y., Nakamura, T., Hayano, K. and Momoya, Y. (2014). Numerical method for evaluating the lateral resistance of sleepers in ballasted tracks. Soils and Foundations, 54(3), 502-514.

§4　鉄道土構造物の地震時挙動と液状化リスク

古関潤一

1．はじめに

　本章では、鉄道土構造物としての切土・盛土の地震時被害とその対策について、実事例を中心に紹介する。さらに、各種構造物が砂質地盤で支持されている場合の液状化リスクに関する最近の知見として、液状化履歴がその後の再液状化強度に及ぼす影響に関する研究成果を紹介する。

2．土構造物とは何か？　鉄道ではどのくらい使われているか？

　土構造物とは、土（地盤材料とも呼ばれる）を主要な構成材料とする人工構造物である。§2 で扱っている造成宅地も土構造物であるが、面状に建設される構造物であるため、造成後に長時間を経過すると自然地形と判別しにくくなる場合がある。一方で、線状の鉄道を敷設する場合にも、**図-1** に模式的に示すように、地盤の一部を切り取って切土を建設し、その土を盛りあげて盛土を建設することが多用されており、その状況を比較的容易に判別することができる。

　なお、土構造物は切土・盛土だけでなく、**図-2** に示すように、用地削減や安定性向上等の観点から、これらを擁壁で支える場合もある。このような擁壁の最新型の構造形式を §6 で紹介している。

　鉄道総合技術研究所による最新の集計データを**図-3** に示す。古くから建設されてきた鉄道の在来線では、延長 24,448km のうち82％が土構造物で占められている。また、比較的最近になって建設された新

幹線でも、延長 2,765km のうち 17%が土構造物である。これらを合計すると全体延長の約 3/4 が土構造物であることになる。また、前述した擁壁の設置箇所も約 21 万箇所に及んでいるが、本章では扱わない。

　これらの鉄道土構造物が建設されてからどのくらい経過しているのかを集計したデータは、残念ながら存在しない。しかし、同じ鉄道路

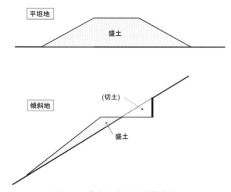

図-1　盛土と切土の模式図

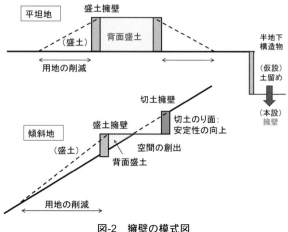

図-2　擁壁の模式図

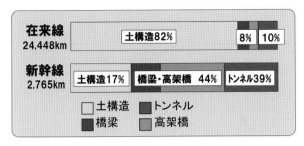

図-3 鉄道構造物の構成（鉄道総合技術研究所による）

線の橋梁やトンネルのデータ[1] に基づいて、これらと同時期に建設された と仮定すると、平均で 60 年程度経過しており、場合によっては 100 年を超えているものもあると推測される。

3. 切土の地震時被害と対策

2014 年 11 月 23 日に長野県北部で発生した地震では、JR 大糸線の 切土が崩壊した。詳細な建設時期は不明であるが、当該箇所を含む区 間は 1935 年に延伸開業されているので、少なくとも 80 年は経過して いると考えられる。当該箇所では過去の被災履歴はないが、その周辺 には降雨による崩壊が発生した箇所がある。

崩壊状況を**写真-1** に示す。高さ約 50m の切土の上層部で表層崩壊 が生じた。斜面の途中から水が流れ出している状況を確認できるが、 当該箇所には湧水用の排水工がもともと建設されており、地下水が集 まりやすい地形であったことが推察される。なお、この写真を撮影し た時点では、崩壊土砂はすでに撤去されている。その後、斜面に残っ た不安定な岩塊や土塊を撤去し、土砂止め柵やなだれ止め柵と併せ崩 壊検知装置を設置して運転が再開され、恒久復旧対策として場所打ち 吹付格子枠工が設置された[2]。

崩壊斜面の上部から見下ろした状況を**写真-2** に示す。切り立った 切土の近くまで川が迫っている。なお、1923 年 9 月 1 日の関東地震

写真-1 2014年11月23日に長野県北部で発生した地震による
JR大糸線の切土の被災状況（白馬大池駅〜千国駅間、
2014年11月28日撮影、線路上の崩土は撤去済）

写真-2 JR大糸線の切土被災箇所を斜面上部から見下ろした状況

では、御茶ノ水付近で切土と考えられる鉄道斜面が崩壊[3,4]したが、この崩壊事例でも、すぐ下には神田川が流れていた。

　2011年3月11日の東日本大震災では、JR東北線の切土が**写真-3**に示すように大きく崩壊した。当該箇所の施工は1920年頃であった

と考えられている。崩壊した土は線路を埋めており、非常に危険な崩壊事例だった。切土は火山灰を起源とするローム層（いわゆる赤土）で構成されており、**図-4** に示すように大きく切り込んで鉄道を建設したために両側に切土があったが、そのうち高いほうが崩壊したものである。

写真-3　2011 年 3 月 11 日の東日本大震災による JR 東北線の切土
　　　の被災状況（豊原駅～白坂駅間）[5]

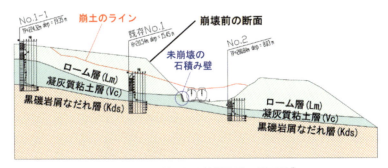

図-4　JR 東北線の切土被災箇所の断面図[6]

　対策としては、**図-5** および**写真-4** に示すように斜面の勾配を緩やかにしたうえで吹付格子枠工と抑止杭を施工し、安定性を高めることが行われた。

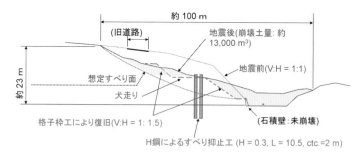

約 100 m

(旧道路)

地震後(崩壊土量: 約 13,000 m³)

地震前(V:H = 1:1)

約 23 m

想定すべり面

犬走り

格子枠工により復旧(V:H = 1: 1.5)

(石積壁:未崩壊)

H鋼によるすべり抑止工 (H = 0.3, L = 10.5, ctc.=2 m)

図-5　JR 東北線の切土被災箇所の復旧断面図 （文献 [7] に加筆修正）

**写真-4　JR 東北線の切土被災箇所の復旧工事における格子枠工
と犬走りの施工状況**（2011 年 11 月撮影）

　鉄道施設も道路施設も同様であるが、次節で述べる盛土と比べると、本節で示したような切土の地震時崩壊の発生事例数はこれまで限定的であった。造成宅地の地震時被害発生率も、盛土よりも切土のほ

うが低いことが§2で示されている。

　一方では、前述したような大規模な切土の地震時崩壊事例が、最近になって発生するようになってきている。この理由として、施工後しばらくの期間は問題なくても、長時間かけて切土斜面の風化が侵攻したために強度が低下したことが考えられる。その極端な例を**写真-5**に示すが、単に水を加えただけで、固結力を失ってばらばらになる地盤材料もある。このような風化がある程度進行した状態で地震力や降雨の影響を受けると、これらが最終的な引き金となって崩壊が生じることになる。

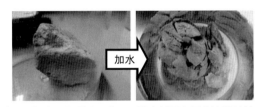

写真-5　加水しただけで著しい強度低下を示す地盤材料の例

　過去の崩壊事例数は限定的であっても、今後は増加する可能性があることを念頭に置いて、万が一崩壊が発生した場合の影響が大きい切土斜面の現況を把握する必要がある。そのために、風化の進行程度や範囲を比較的簡便に調査できる手法の開発・確立が課題となっている。また、崩壊が予想される場合に、その影響がどこまで及ぶのかを評価する手法の精度向上も重要な課題となっている。

4．盛土の地震時被害と対策

　2011年3月11日の東日本大震災では、JR成田線の盛土が**写真-6**に示すように部分的に大きく沈下した。周辺の地盤上では**写真-7**に示すように噴砂が発生していたことから、盛土の支持地盤で液状化が発生し、そのために盛土の一部が沈下したものと考えられている。

　対策としては、**図-6**に示すように盛土の両側に矢板を打設し、そ

写真-6　東日本大震災による JR 成田線の盛土の被災状況
（安食駅～小林駅間）[5]

写真-7　JR 成田線の盛土被災箇所の周辺で
生じた噴砂　(JR 東日本提供)

の頭部をタイロッドで結合することが行われた。この対策工法では液状化の発生自体を防ぐことはできないが、液状化した支持地盤が横へ流れるように変形して盛土が沈むのを抑制する効果がある。

　盛土が液状化被害を受けやすいことは以前から知られている。盛土

工事を行う前であれば、地盤改良などによる液状化対策を実施することは難しくないが、既設の盛土に対して、その支持地盤の液状化対策を実施することは容易ではない。例えば、首都圏で現在実施されている鉄道盛土の液状化対策事業では、前述した矢板とタイロッドを用いた工法に加えて、支持地盤に固化材を注入して固める工法等が採用されており、必要に応じて**図-7**に示すように複数の工法を併用することも行われている[8]。

図-6　JR 成田線の盛土被災箇所の復旧断面図（文献[5]に加筆修正）

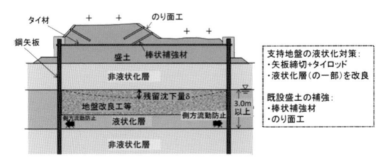

図-7　矢板締切と地盤改良を併用した液状化対策の模式図（文献[8]に加筆修正）

　なお、地盤が液状化すると、その地盤よりも上方へ地震動が伝わりにくくなる。一方で、液状化対策として地盤改良を実施し支持地盤だけを強化すると、地震動がそのまま盛土に伝わることで、かえって盛土自体の安定性が損なわれることも生じ得る。そのため、**図-7** に示した事例では、盛土自体も棒状補強材とのり面工で補強することが計画されている。人間に置き換えると、下半身だけを鍛えるのではなく、下半身と上半身をバランスよく強化することが重要である。

　さらに、前節で述べた切土と同様に、盛土自体も風化する恐れがある。例えば、2009 年 8 月 11 日の駿河湾を震源とする地震により発生した東名高速道路牧之原 SA 近くの盛土崩壊事例は、盛土下部に使用された泥岩の長年の水の作用により強度低下するとともに透水性が低下し、その結果として盛土内の地下水位が上昇しており、当該地震が誘因となって崩落が発生したものと考えられている[9]。

　また、河川堤防の地震時被災要因として§1 でも紹介されているが、盛土自体が液状化する可能性も考慮する必要がある。関連すると考えられる鉄道盛土の被災事例を以下に紹介する。

　2011 年 3 月 11 日の東日本大震災で被災した JR 東北線の盛土を**写真-8** に示す。被災箇所の近傍で実施したボーリング調査の結果を**図-8** に示すが、支持地盤は腐植物が混入した有機質のシルトが主体となっており、また、液状化に起因する噴砂等も現地では確認されていない。そのため、軌道の被災状況は**写真-6** に示した JR 成田線の盛土被災事例と一見似ているものの、被災原因は支持地盤の液状化ではないと考えられる。**図-8** によれば、支持地盤面よりも上方の盛土部内に地下水位があり、盛土材料も表層以外は砂混じりシルトであることから、地下水位以下で飽和していた盛土部が液状化した可能性が考えられる。

　この被災盛土の復旧工事では、**図-9** に示すようにのり尻部分からの排水を促進させるために砕石マットが設置された。**写真-9** は工事完了後の状況であるが、写真中に見える砕石マットからは降雨がない時期でも水が流れ出していた。このことからも、復旧前は地下水位が

写真-8　東日本大震災による JR 東北線の盛土の被災状況
（泉崎駅〜矢吹駅間）[5]

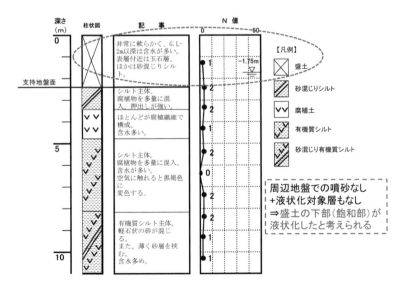

図-8　JR 東北線の盛土被災箇所近傍におけるボーリング調査結果
（文献 [5] に加筆修正）

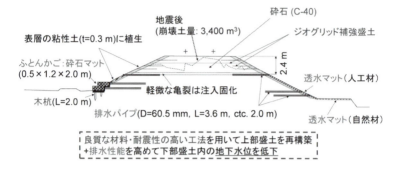

図-9　JR東北線の盛土被災箇所の復旧断面図（文献5)に加筆修正）

写真-9　JR東北線の盛土被災箇所の復旧工事完了後の状況

盛土内にあったことが推察される。盛土自体の液状化を防止するうえ
では、この復旧工事のように地下水位を低下させることが重要であ
る。

5．液状化リスク

　各種構造物が砂質地盤で支持されている場合、前節で鉄道盛土に関して述べたような液状化被害が発生するリスクを効率的に低減するうえでは、想定した地震動に対して液状化が生じるかどうかを高精度に判定する必要がある。従来より用いられてきた液状化判定手法の検証結果 [10] によれば、2011 年の東日本大震災において実際に液状化した箇所が「液状化しない」と判定される「見逃し」はなかったが、非液状化箇所が「液状化する」と判定される「空振り」のケースが相当数みられたことが報告されている。

　このような「空振り」が生じる原因の一つとして年代効果が考えられている。例えば、東日本大震災後に作成された「宅地の液状化被害可能性判定に係る技術指針」では、堆積後 400〜500 年経過した沖積層については年代効果を考慮し、液状化強度が最大 1.4 倍まで増加していると想定できるものとされている [11]。

　この年代効果が発揮されるメカニズムとして、時間とともに砂粒同士が互いに固着しあう現象や、砂粒の堆積構造そのものが変化する現象が考えられているが、詳細については不明な点が多い。後者の現象は、過去に受けた液状化履歴とも関係していると考えられるため、この点に着目して実施した実験的研究の成果 [12] を以下に紹介する。

　図-10 に示す特殊な試験装置を用いて、豊浦砂で作成した単一の供試体に対する液状化試験を何回も繰り返した結果の例を**図-11** に示す。図の a), b)はそれぞれ 1, 2 回目の液状化試験で得られた繰返しせん断応力とせん断ひずみの関係である。例えば a)に示した c 点から c' 点の状態に移行する過程で、せん断応力がほぼゼロでも大きくせん断変形する「液状化状態」に至っている。このような液状化に至る繰返しせん断の載荷回数は、1 回目の試験では 10 回以上を要したのに対し 2 回目の試験では 2 回弱であり、後者のほうが液状化しやすかった。

　このような液状化試験を、同一の繰返しせん断応力振幅のもとでせ

80

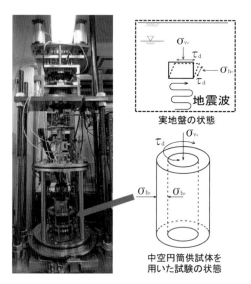

図-10　多層リング単純せん断試験装置と
これを用いた試験の模式図

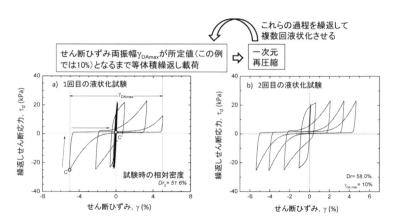

図-11　豊浦砂を用いた等体積繰返し単純せん断試験結果の例

ん断ひずみ両振幅 γ_{DAmax} が所定の条件（2, 5, 7, 10％の4通りに設定）になるまで毎回繰り返すと、どの条件でも供試体は徐々に密になった。**図-12** に示すように、相対密度がもともと 55％程度だったものが、液状化履歴を5回程度与えることで80％程度まで増加した。

密度が高まると液状化強度も増加することが一般には知られているが、本試験で計測した再液状化強度は必ずしもそうならなかった。**図-13** に示すように、液状化（ここではせん断ひずみ両振幅 γ_{DA} が初めて 2％になった時点で評価）に至る繰返しせん断の載荷回数が徐々に増加する場合と、一旦減少した後に増加する場合とがあった。

そこで、前述した「液状化に至る繰返しせん断の載荷回数」と「各液状化試験開始前の相対密度」の関係として再整理したものを**図-14** に示す。図中には、最初から異なる相対密度で作成した供試体が初めて液状化した場合の試験結果も示したが、これと比較すると以下の傾向が得られた。

① $\gamma_{DAmax}=2$％まで液状化履歴を与えたケースでの再液状化強度は、同じ相対密度で初めて液状化する場合よりも高かった。

② $\gamma_{DAmax}=5$％まで液状化履歴を与えたケースの再液状化強度は、2 回目の試験結果を除き、初めて液状化する場合とほぼ同程度であった。

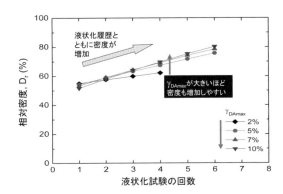

図-12　液状化履歴に伴う相対密度の変化

82

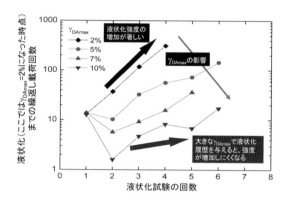

図-13 液状化履歴に伴う液状化強度特性の変化

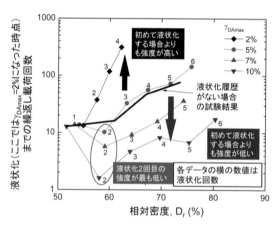

図-14 相対密度と液状化強度（液状化までの繰返し載荷回数）の関係

③ γ_{DAmax} が 7, 10％と増加するほど再液状化強度が低下し、初めて
液状化する場合よりも小さくなった。特に、2 回目の液状化試験
における液状化強度が、γ_{DAmax}＝5〜10％の範囲ではいずれも最低
値を示した。

　液状化試験中に撮影した写真の画像解析を行って局所的なせん断ひ
ずみ γ_{loc} を評価し、別途計測した供試体全体の平均値 γ との差が鉛直
方向にどのように分布しているかを分析した結果の例を**図-15** に示
す。図の a)，b)，c)はそれぞれ 1，2，5 回目の液状化試験で得られた結
果である。いずれの図においても、γ_{DAmax}＝2％のケースでは局所ひず
みの分布が比較的一様だが、γ_{DAmax} が大きくなるほど局所ひずみの分
布が非一様になり、局所的に大きなせん断変形が生じる領域と、あま
り変形しない領域との差が著しくなった。また、液状化履歴を受けた
b)，c)の結果で局所的に大きなせん断変形が生じた領域の位置は、履
歴のない a)の結果とほぼ同一であった。このような挙動の理由とし
て、大きなせん断ひずみが生じる領域では、正のダイレタンシーによ
る密度低下が同時に生じることが挙げられる。γ_{DAmax} が大きい試験で
は、このように局所的に密度が低下した領域が形成されたことで、次
の液状化試験時の強度が増加しにくかったものと考えられる。

　以上の試験結果より、地盤が液状化履歴を受けると、その後に再び
液状化するリスクは低下する場合と高まる場合があることが明らかと
なった。例えば、2011 年の東日本大震災で著しい液状化被害が生じ
た地域は、再液状化リスクが高まっていると考えられるため、留意す
る必要がある。一方で、一般には大地震ばかりが続くわけではないの
で、中規模以下の地震で少しだけ液状化する履歴を何回も受けること
で再液状化リスクは徐々に低下していくことが考えられる。本節の冒
頭で述べた「年代効果」を検討するうえでは、このような液状化履歴
の影響も考慮する必要がある。

6．おわりに

　鉄道土構造物のうち切土の地震時被災事例はこれまで限定的だった
が、今後は増加する可能性があることを 3 節で示した。今後は、崩壊
時の影響が大きい箇所について風化状況等の現況把握が必要である。

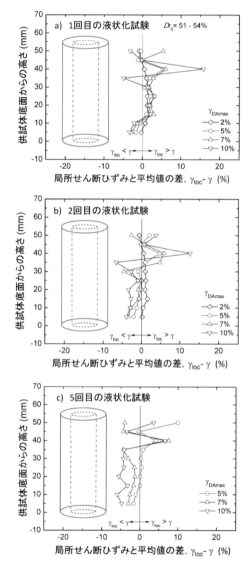

図-15 局所せん断ひずみと平均値の差の鉛直方向分布

　一方で、鉄道盛土はこれまでの地震でも様々な被害を受けてきたが、今後の留意事項について以下の点を4節で示した。

① 　支持地盤の液状化対策を行う際に、特に既設盛土では複数の工法の併用が必要となる場合がある。

② 　支持地盤を改良する際には、その上の盛土自体もバランスよく強化することにも留意する必要がある。

③ 　盛土自体の液状化や、盛土材料が風化する可能性についての検討も必要となる場合がある。

　5節では、各種構造物が砂質地盤で支持されている場合の液状化リスクを効率的に低減するうえで今後考慮すべき影響要因の一つとして、過去の液状化履歴に関する研究成果を紹介した。地盤が液状化履歴を受けると、その後に再び液状化するリスクは低下する場合と高まる場合がある。特に、著しい液状化被害を受けた地域では、再液状化リスクの評価に際して留意する必要がある。

　本節で紹介したデータの一部は、鉄道総合技術研究所の舘山勝氏と東日本旅客鉄道の中村宏氏，藤原寅士良氏にご提供いただいた。ここに記して深謝の意を表する。

参考文献

1) 　国土交通省鉄道局（2013）：鉄道構造物の現状、第 1 回鉄道構造物の維持管理に関する基準の検証会議　資料 2

2) 　神山真樹、北村栄治、近藤英治（2015）：2014 年 11 月長野県北部を震源とする地震における地震検知と被害概況、東日本旅客鉄道編、SED No.45、pp.70-80

3) 　国立科学博物館地震資料室：1993 年（大正 12 年）関東大地震写真，神田・御茶ノ水方面，御茶ノ水の崖崩れ

4) 　土木学会編（1926）：大正 12 年関東大地震震害調査報告書、第 2 巻 鐵道及び軌道之部 第 1 編、p.336

5) 　Koseki, J., Koda, M., Matsuo, S., Takasaki, H. and Fujiwara, T. (2012)：Damage to railway earth structures and foundations caused by the 2011 off the Pacific Coast of Tohoku Earthquake, Soils and Foundations, Vol. 52, No.5, pp.872-889

6)　中村　宏、三平伸吾、古関潤一、羽矢　洋（2013）：崩壊した切土斜面における地震時挙動の解析的検証、第 48 回地盤工学研究発表会

7)　中村　宏、浜田栄治、友利方彦（2012）：東北地方太平洋沖地震による鉄道土構造物の被災状況、第 47 回地盤工学研究発表会

8)　中村　宏，山内真也，久須美賢一（2015）：鋼矢板締切による支持地盤対策を併用した盛土耐震補強工事、基礎工　Vol.43, No.4

9)　中日本高速道路（2009）：東名高速道路牧之原地区地震災害検討委員会報告

10)　国土交通省（2011）：「液状化対策技術検討会議」検討成果

11)　国土交通省（2013）：宅地の液状化被害可能性判定に係る技術指針・同解説（案）

12)　古関潤一、セト　ワヒュディ、佐藤剛司、宮下千花（2014）：多層リングを用いた繰返し単純せん断試験における多数回液状化時の特性変化、生産研究　第 66 巻 6 号、pp.551-554

§5　次の次の大地震に備えて

石原研而

1．沿岸域の石油コンビナートの被災

　東日本大地震（2011 年）における石油コンビナートの被災が大きくクローズアップされ、2013（平成 25）年度の補正予算で、資源エネルギー庁が 45 億円を準備して石油コンビナートの地盤調査を募集した。この地盤調査には約 40 カ所の事業所から応募があったが、実際には 25 カ所ぐらいが選ばれて、詳しい地盤調査とそれに基づく液状化と側方流動の予測が実施された。

　それに引き続いて 2014 年度から、各事業所の BCP（Business Continuity Plan）に準拠して、地盤調査の分析結果を踏まえた具体的な補修事業が実施されることになった。実際ふたをあけてみると、土木建築に関係した補修事業というのは設計とか会社の稟議決裁を得るために時間がかかるということもあって、プロポーザル方式による提案内容は、ほとんど上物のパイプの補修とか、各種装置の自動弁の取り替えなどであった。

　2014 年度になってから、ようやく大がかりな土木建築に関係したインフラ補修案が出てきて、2015 年度においては結構な数の土木事業も提案されるようになった。初年度は全額が国庫負担、次年度からは 2/3 が公共負担で、残りは各事業部の負担ということになっている。

　このような事業に関して、沿岸域の石油コンビナートの耐震性調査とその評価についてヒアリングをする立場に関与した経験から、このときに色々と感じたことを述べてみたい。

　まず、石油コンビナートの被害の事例であるが、ここに四つ挙げて簡単に紹介する。

　新潟地震（1964 年）では、信濃川河口の北側にあったタンクに引火して大きな火災が発生した。**図-1** は信濃川の下流方向を眺めた写真であるが、火災は数日続いた。

　また、阪神・淡路大震災（1995 年）のときには、御影浜という古い埋立地の南側にあった大型 LPG ガスタンクの一つから液化ガスが漏えいした。液状化が発生し、側方流動も起こった結果、タンクの側壁にあった払い出しの部分が破損したためであった。

　そのメカニズムを説明したのが**図-2** である。LNG の出口はボルトでしっかりと締め付けられていたが、払い出しの部分につながる配管を支える架構は非常に簡単なコンクリートのブロック基礎で支えられ

図-1　新潟地震における石油タンクの火災（信濃川上流から日本海を眺める）

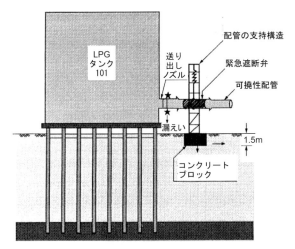

図-2　阪神・淡路大震災における LPG ガス漏えいの原因

ていた。ここで液状化が発生したため、コンクリートのブロック基礎が 1m ほど沈み、約 1m 海側に動いた。その結果、架構とコンクリートのブロック基礎の全荷重が配管に加わり、その力がタンク側壁の払い出し口の金具に伝わり、ボルトが緩んで少し隙間が空いてしまったのである。そして LPG が漏えいして、30cm ぐらいの層厚の液化ガスが防油堤の中に溜まったといわれている。これは大火災につながる大事故であるとみなされ、それがきっかけになって、高圧ガス保安協会において約 10 年間かけて各種の指針が検討・作成されてきた。

　三つ目の例は、十勝沖地震（2006 年）のときに発生したタンクの火災であるが、ここには二つ大きな被害を受けたタンクがあった。一つがナフサタンク、もう一つがオイルタンクである。オイルタンクの方は炎上し、ナフサの方はさらに爆発的に炎上した。泡消火が日本国内のものだけでは間に合わずに、アメリカから緊急輸入され、消火が完了した。

　そして、東日本大震災（2011 年）であるが、東京湾において袖ケ浦沿岸の石油基地から発火して、かなり遠くまで飛び火したという事

故が発生した。**図-3** がその球形タンクの火災時の写真である。この
タンクの中に入れる LPG の比重は約 0.6 で、重い水をタンクにいっ
ぱい溜めて試験をしていた最中に運悪く地震が発生した。その結果、
球形タンクを支えていたブレイシング鉄材の溶接部分が外れ、30 分
後の余震でこれが倒れて地上の配管に当たり、破損した配管から漏れ
出たガスに飛び火し、大きな火災になってしまった。

図-3　東日本大震災における LPG ガス漏えいの原因

　この事故を契機に、石油コンビナートの地震時の火災による被害が
非常に大きくクローズアップされた。その原因としては、地盤の液状
化と側方流動があるということがわかっている。そこで、前述したよ
うに、資源エネルギー庁が平成 25 年度に補正予算を調達して、詳し
い調査が実施された。

2．軟弱層の深さと被害の大きさ

　東日本大震災（2011 年）における千葉県香取市の被害状態である
が、**図-4** は香取市佐原の市街部の地図である。小野川と横十間川の
交差点周辺で液状化による被害が特に顕著であった。**図-5** の写真を
見ると、川の底が地表面近くまで盛り上がってきた状態がよくわか
る。液状化の発生は各所で起こっているが、その発生と被害の程度に

ついては別の視点から考える必要がある。

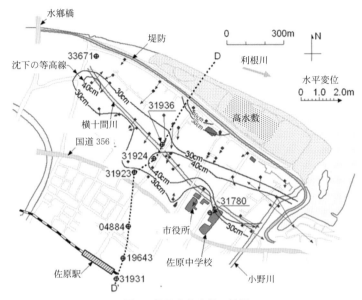

図-4　香取市中央部の地図

図-5　液状化による川底の盛り上がり（香取市小野川下流部）

92

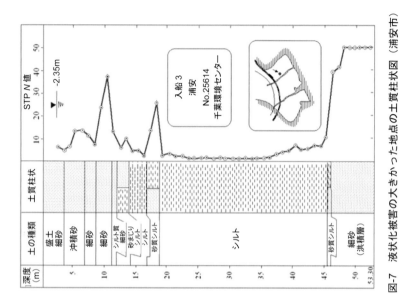

図-7 液状化被害の大きかった地点の土質柱状図（浦安市）

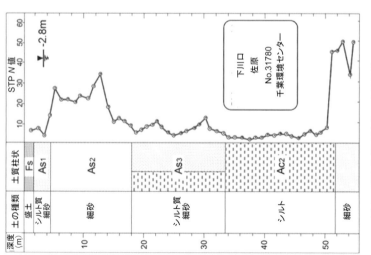

図-6 香取市役所地点の土質柱状図

　液状化による被害が非常に大きかった香取市役所地点のボーリングデータを図-6 に示すが、これを見るとわかるように、軟弱層が深く、約 50m まで達している。

　次に注目したいのは同じく千葉県の浦安市である。周知のとおり非常に激しい液状化の被害が発生した。そのボーリングデータを図-7 に示すが、ここもやはり約 45m まで深い軟弱層が存在することがわかる。この軟弱層の深さは沖積層の底面の深さであり、昔は谷の地形であったことを示すものである。

　この二つの事例から、40〜50m の非常に深い軟弱層がある場合には、液状化が発生するだけではなくて、その被害の程度が極めて大きくなるということを指摘しておきたい。なぜそうなのかということは、今後考えなければならない課題であろう。

3．実地記録の取得と観測網の整備

　次にもう一つ別な課題を提示したい。前述の資源エネルギー庁による石油コンビナートの地盤調査の中で、千葉の事業所の一つについては、非常に深いボーリング調査が実施された。そのボーリングデータが図-8 である。2013 年の予算で 2014 年にボーリング調査が行われた。土質柱状図を見ると約 90m の深さまで到達していることがわかる。なぜかというと、洪積の Ds_2 層は N 値 40〜50 が通常であるが、せん断波速度 Vs の値が若干低かったのである。そこで、もう少し下の堅い基盤層を探そうということで更に深くまでボーリングしたら Dc_3 層と称する粘土層が 20m の厚さで存在することがわかった。そしてその下部の深さ 90m のところに $Vs＝500〜600m/sec$ の堅い土層がようやく出てきたのであった。

　地震動の入力としては、東京湾北部地震の地震波で内閣府が発表したものを使うということになっていたので、ボーリングをどこまでやって、工学基盤を見つけ、地震応答解析を行うかという問題が出てきたわけである。700m/sec くらいの Vs 値を持ったところを対象にす

94

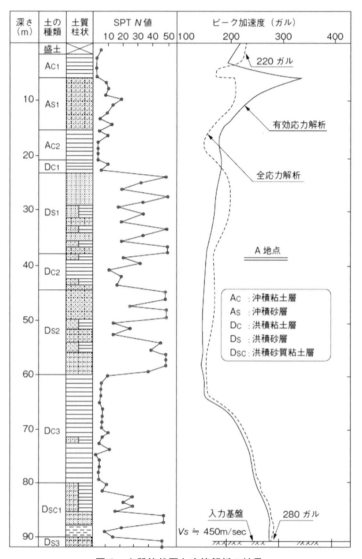

図-8　土質柱状図と応答解析の結果

る場合もあるが、東京湾沿岸では数百メートルの深さまでボーリングしないとこのような基盤は現れてこない。そこで *Vs* 値が 700m から 400m ぐらいまで地震波が上昇してきたらどうなるのかという問題が別にあるが、そこまで多くのボーリングをすることは不可能なので、この地域に深さ 40〜50m に存在する *Vs*＝450m/sec の洪積層までボーリング調査を行い、そこでストップするのが通例になっている。このような事情から 450m/sec の *Vs* 値を持つ堅い層を入力基盤層にすることとなったのである。**図-8** に示す地点を A 地点と名付け、この 90m の深さの基盤に入力して応答解析をした場合の加速度時刻歴のピーク値を求め、それを深さ方向にプロットしたものが同じく**図-8** に示してある。この図からわかるのは、Dc3 層という *N* 値が約 5 の粘土層の内で非常に大きく波が減衰して、それから通常のパターンで地表面に向かって徐々に増加していることである。基盤で 280 ガルを入力したにもかかわらず地表面では 200〜250 ガルと低下している。ここで特に指摘したいのは、この波の振幅が、なぜ Dc3 と称する粘土層を通過するうちにこんなに下がったのかということである。

　以上に述べた場所（地点 A）から約 2km 離れた別の事業所（地点 B）で得られた別のボーリングデータを示したのが**図-9** である。この地点では深さ約 40m の所に洪積の Dc2 層が出てきたのですが、*Vs* 値が 450m/sec あったので、そこを基盤層とみなし、これ以深のボーリング調査は実施しなかった。この基盤層に、前述とほぼ同じ大きさの加速度時刻値を入力して、応答解析が行われた。その結果も**図-9** に示してあるが、加速度のピーク値の分布は、地表に向かって通常のパターンで増幅し、基盤での入力加速度 275 ガルが地上では 360 ガルに達している。

　以上の二つの例を比較してわかることは、最初の A 地点では 90m までボーリングをして、そこの基盤層にピーク値が 280 ガルの加速度時刻値を入力したら、中間の粘土層で大きく減衰が生じ、地表層では 200〜250 ガル程度になったこと。それに反し、2 番目の B 地点では 40m までボーリングをして、そこを基盤層とみなし、275 ガルのピー

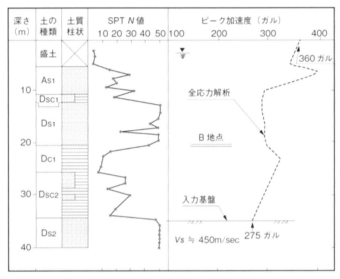

図-9 土質柱状図と応答解析の結果（地点B）

ク値を持つほぼ同様の波形を入力をしたら、地表面加速度が360ガル
と大きく増幅されたということである。

　以上のことから、次のようなことが言える。

① 50〜70mに相当厚い粘土層があると、それより深い基盤層に入
　力した場合、大きく波動が減衰すること。

② それに対し、粘土層の上部の砂層を基盤層とみなして入力する
　と、減衰効果がみられないこと。

　減衰が大きいということは、自然が与えた大きなダンピング効果を
持つ免震層であるとみなすことができる。したがって、もう少し深く
地盤調査をやって、ダンピングの効果が発揮できる層を見つけて、そ
れを解析に考慮した上で液状化や側方流動の解析を行う必要も出てく
る可能性がある。このことが真実であれば、できるだけ深いところま
でボーリングをして土質性状を正確につかめば、予測される地表面加
速度が小さく算定され、補修等に必要な経費が縮小されることにな

る。言い換えれば、ボーリングの経費等の調査費を削減しようとする試みは無意味で、多少の経費増はあっても、補修費などを含めた全体の経費は安くなる可能性があるということである。

　応答解析には、現在いろいろな方法があるが、等価線型解析と逐次積分解析法に大別される。砂質土が存在する場合は有効応力法がよく使われている。各種方法で解析してみると計算結果はほぼ一致するのだが、残念なことに計算したものが実際に合うのかどうかという例証ができる実測例は、今までわずかしかない。有名なのが、兵庫県南部地震のときのポートアイランドのデータである。

　軟弱地盤の表層に計測器をたくさん入れて、今度の大きな地震が来たときには地盤工学的に有益な実証データがたくさん得られる準備を今からしておかなければならないというのが、本稿で私が申し上げたい趣旨である。それが表題に掲げた「次の次の地震」に対する備えにつながるのである。次の地震までに軟弱地盤を対象にした観測網を張りめぐらし、実地記録の取得を大々的に行うということが重要である。それに基づいて、解析結果の適否を実証し、「次の次の地震」に備えるということが必要なのである。

　話題が少し離れるが、石油コンビナートの地盤の土質調査で気づいたことをもう一つ指摘しておきたい。それはよく知られた剛性とダンピングのひずみ振幅依存性である。ひずみが1％ぐらいになると剛性が大きく低下すると同時に減衰比が増加するという現象は方々で見られる。その一例が**図-10**に示してある。ところが奇妙なことに、ひずみ振幅 γ_{SA} が1％を超えると減衰比が減少し始める。これは特に砂質土でよく見られるが、それはなぜかというと、有効応力が低いとき、大きなひずみを与えたときに共通に観察される cycic mobility という現象のためである。これは**図-11**に説明したとおり、応力-ひずみの関係が、大ひずみで繰り返し荷重を加えたとき、繰り返しの際のループで囲まれた部分の面積が小さくなることに起因している。これが応答解析にどのような影響を及ぼすかという研究は多少行われているが、まだ実際に使われるようなプログラムに組み込まれてはいない。

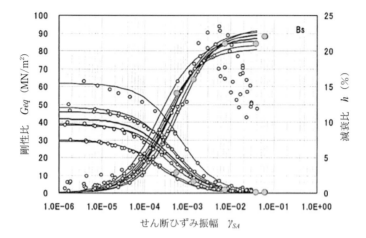

図-10　せん断ひずみ振幅が1%以上のときのダンピングの低下例

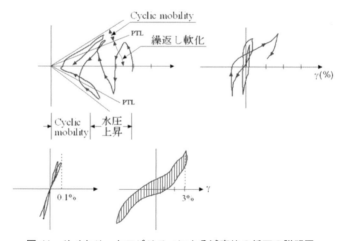

図-11　サイクリックモビリティによる減衰比の低下の説明図

　現在、K-net や KIK-net 等により、国土の全域にわたる地震動観測
体制が整備されてきている。しかし、我が国の諸工業や産業が立地す
る河岸や海岸線に沿う、軟弱地盤地域の比較的浅部の地盤における大
地震時の挙動を把握するための観測網は、ほとんどが皆無の状態であ
る。今後、早急に地震計、変位計そして間隙水圧計を軟弱地盤内に設
置する必要がある。これらによって得られる次の大地震時における計
測記録は、軟弱地盤上に立地する重要な産業施設の地震時挙動の解明
に役立ち、耐震工学の進展に決定的に重要な役目を果たすことにな
る。このような実測で立証された耐震工学技術を実用化することに
よってのみ、次の次に来る大地震への対応が完璧になることを肝に銘
じておく必要がある。

§6 土構造物の耐震設計の意義・方法・経緯

龍岡文夫

1. 問題の所在

歴史的概観

　1995 年阪神・淡路大地震の前は、フィルダムを除く通常の道路・鉄道・宅地の盛土や河川堤防では積極的に安定解析に基づく耐震設計を実施していなかった。その状況で、この地震で社会基盤構造物・建物は激しい地震動によって著しい被害を受けた。その結果、それぞれの場所で将来あり得る最大級の地震動をレベル 2(L2)地震動として耐震設計に導入することになった。その後も地震が次々と襲い、盛土・擁壁・切土等の土構造物の被害が頻発した。2011 年東日本大地震では広域多所で被害が生じ、「土構造物は復旧が容易であり、耐震設計は積極的にはせず、壊れたら直す」という方針では救援・復旧に著しい支障がでることが認識された。このような経緯から、土構造物では、

　　・第一段階として、新設土構造物に対する耐震設計の実施、

　　・第二段階として、耐震設計に現実的な L2 設計地震動を導入、

　　・第三段階として、既設土構造物の耐震診断・耐震補強

が課題となった。しかし、RC・鋼構造物の場合は 1995 年阪神淡路大地震後速やかに第二段階から第三段階に向かったのと比較すると、土構造物での対応は相当遅れ、その状況で今日に至っている。

　この間、歴史的経緯、社会的要求・重要度、管理機関、盛土・擁壁・切土等の構造の相違によって対応が異なってきた。鉄道では、RC・鋼構造物が高い耐震性を発揮しても土構造物が崩壊すれば線状構造物として機能を喪失することを重視し、土構造物の耐震設計のレ

ベルを RC・鋼構造物と揃えることにした。すなわち、1995 年阪神・淡路大地震後の早い段階で、盛土にも耐震設計を導入し土構造物の耐震設計に現実的な L2 地震動を導入した。この耐震設計法が合理的に成立するように、① 良く締固めた盛土では従来の残留せん断強度相当の設計せん断強度に加えて「締固めるほど高くなるピークせん断強度」も用い、② 極限平衡安定解析で求めた L2 地震動に対する安全率が瞬間的に 1.0 以下になることを許容し、計算した残留変位が許容値以下かどうかで安定性を判断し、③ 耐震性と経済性が高いジオシンセティックス補強土構造物を積極的に採用することにした。2011 年東日本大震災後には、既設土構造物の耐震診断・耐震補強にも着手した。

　フィルダムでは、1995 年阪神・淡路大震災の前から第一段階にあり、2005 年度から第二段階に入っている [1)]。ため池は、2011 年東日本大震災の前は第一段階であったが、福島県の藤沼ため池の堤体の崩壊を受けて現在第二段階・第三段階へ進行中である。一方、道路の土構造物と河川堤防は、第一段階から第三段階への過程にあると言えよう。最も遅れているのは、宅造盛土と思われる。

土構造物の地震災害を防止・低減するための三課題

　主要な三課題は、① 新設土構造物の L2 地震動に対する耐震設計、② 被災土構造物の強化復旧、③ 既存土構造物の耐震診断と必要な場合での耐震補強の関連である。コアである①が実施されていれば、②と③を一貫した方針で実施できる。しかし、この枠組みはコストが掛かり過ぎるという反論が常にある。それに対する再反論として、この枠組みによる土構造物の耐震化に伴い、長期常時荷重と豪雨・地震等の異常荷重による変形の抑制と被害減少に伴い維持管理費が低減するとともに、補強土工法などの採用によって Life Cycle Cost を着実に低減できることを強調したい。また、その実績もある。

　現実的な L2 地震荷重を用いた耐震設計を実施しない場合には、次の二つのケースがある。ケース 1 では、盛土の断面形状や排水設備等

の構造形式の仕様設計と盛土の締固め等施工規定であり、安定解析に基づく設計は常時に対してもしない。被災土構造物は、「耐震設計をしていない原状」に復旧する。また、既設土構造物の耐震診断・耐震補強は実施する根拠がないことになる。ケース2では、ケース1よりも前進しており、安定解析を伴う耐震設計を行うが、$k_h = 0.2$ に対して必要最小安全度を 1.0 とする場合である。この場合は、常時荷重に対して必要最小安全率を 1.2 とする場合とほぼ同等である。したがって、この場合は被災土構造物を常時荷重に安定なレベルに復旧し、既設土構造物は常時荷重に対する安定性を診断することになる。すなわち、これらケース 1, 2 の場合は上記耐震化の②、③の課題を一貫した方針で対応するのは難しい。

　ケース 1, 2 の設計方針の論拠として、「安定計算に基づく耐震設計をしていなくても、適切な構造仕様と施工規定を守っていれば、あるいは常時荷重に対して適切に設計してあれば、これまでの経験に基づくと、十分な耐震性があると見なせる」という説明がある。しかしこの「見なし規定」には、二つの問題がある。まず、設計・施工指針が未整備の古い時代に建設された土構造物の地震被災率は高く、「見なし規定」によって設計・建設された土構造物が地震被害を免れているということはない。また、「力学的には耐震性がないが、経験によると耐震性があると見なせる」ことが正しければ、力学に基づく設計体系の合理性は失われ設計が恣意的・偶発的になる。実際には、耐震設計をしていない土構造物が地震で崩壊しない場合があるのは、「地震荷重の無視あるいは過小評価」と「設計に内包された余裕・冗長性」がバランスしているか、後者が前者を凌いでいるからである。しかし、前者が後者を凌いでいて耐震性が不足する場合も多く、その場合は地震被害を受ける。見なし規定では、この被害は防げない。

　土構造物設計上の余裕・冗長性の主な要因は、次の四つである。

①　盛土は、地震時に不飽和でありサクションによる見かけの粘着力 c が作用している場合が多い。しかし、雨水浸透等によって失われることから通常の設計では無視している。

② 擁壁の場合、壁体基礎の浅い部分の根入れの効果は地震時に維持されている可能性があるが、将来の偶発的掘削・洗掘に備えて設計では無視している。

③ 盛土のせん断強度の通常の設計値は、締固めが良いほど実際の値よりも低く設定される傾向にある。

④ 地震荷重に対する極限平衡法による全体安全率 F_S が 1.0 に到達しても直ちには崩壊せず、F_S が 1.0 に達した後に生じる残留変形で安定性を判断すべきである。

　これらの要因①〜④を考慮すれば、「設計値を超えた地震荷重を受けても地震時に崩壊しなかったこと」を合理的に説明できる[2)]。現実的な L2 地震動を考慮した耐震設計を実施する場合、これらの要因の内①と②は偶発的で永続性を保証できないので無視するのが合理的であるが、③、④は考慮できる。この点を次節以降で説明する。

設計地震荷重と土の設計強度の整合性の課題

　RC・鋼構造物では「耐震性・維持管理性等に関する要求性能⇒性能設計⇒性能施工」の道筋は明確である。性能設計の課題は、土構造物でも議論されている。しかし、設計で想定した性能の実現を目指して土工等を適切に管理する性能施工の課題は看過されがちであり、設計と施工が分断されている傾向にある。

　この問題には、二つの反対のケースがある。**図-1** において、安全率 F_S＝「盛土のせん断強度 τ_f」／「地震時の作用せん断応力 τ_w」として、締固めが良くて L2 地震動でも F_S＞1.0 を保ち崩壊しなかった盛土 A と、締固めが悪くて L2 地震動で F_S＜1.0 となり崩壊した盛土 B を想定する。これらに、以下の慣用的な耐震設計を適用したとする。

① 設計作用せん断応力 $(\tau_w)_d$ は、水平震度 k_h＝0.15（LI 地震動）によって生じるとする。

② **図-2** で参照して標準プロクター1Ec による締固め度 $(D_c)_{1Ec}$ の全測定値の許容下限値（管理値）を 90％として、土の設計せん断強度 $(\tau_f)_d$ は $(D_c)_{1Ec}$＝90％の時の排水せん断強度とする。

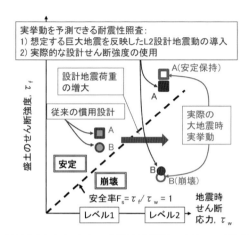

図-1 良く締固められた盛土 A と締固めが悪い盛土 B の耐震設計の課題

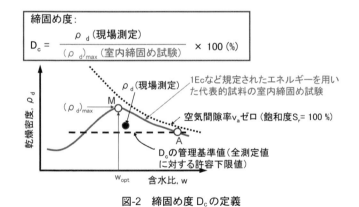

図-2 締固め度 D_c の定義

③ 土構造物の耐震性は、極限平衡安定解析による F_S が所定の値（例えば 1.2）以上であることで確認する。

②に関して、実際の $(D_c)_{1Ec}$ が 90％程度では締固めが不十分であり、その時の排水せん断強度は残留せん断強度に近く設計値として用いると締固めの効果を考慮しないことなる。また、飽和土の場合、排

水強度は非排水強度と比較すると締固めの影響が遥かに小さい。このため、盛土 A, B で $(D_c)_{1Ec}$ の平均値に大差があっても、設計せん断強度 $(\tau_f)_d$ には大差がつかない。

　しかし、盛土 A の慣用設計では、設計地震荷重は L2 地震動を過小評価しているのと同時に $(\tau_f)_d$ は実際のせん断強度を過小評価するため、両者がバランスして、L2 地震動に対する実際の F_S と類似の値の F_S が計算される可能性がある。したがって、設計地震荷重だけを L1 から L2 にレベルアップするとバランスが崩れて、L2 地震動でも実際には安定な盛土 A でも $F_S < 1.0$ という答を得る。$F_S > 1.0$ という実挙動を予測するためには、L2 地震動だけなく締固めの効果を正当に評価した土の設計せん断強度も採用する必要がある。このような耐震設計法は、1995 年阪神・淡路大震災の後、鉄道土構造物[3]や高速道路の高さが 15m を超える高盛土の耐震設計[4]で取り入れられた。

　2011 年東日本大震災でも河川堤防、道路・鉄道盛土、ため池、宅造盛土などで締固めが悪い飽和領域を持つ盛土・地盤系の崩壊が各地で生じた。しかし、このような盛土 B の慣用的な設計では、設計地震荷重は実際の L2 地震動を過小評価していることに加えて飽和非排水状態のせん断強度を過大評価する排水強度を用いるので、二重に危険側の結果を得る。設計地震荷重を現実的な L2 地震荷重に向上しただけでは不十分であり、緩い飽和土の非排水繰返し載荷を受けた場合の非排水せん断強度は非常に低くなることを考慮する必要がある。

　残念ながら、現実的な地震荷重とともに現実的な土のせん断強度を整合的に考慮した耐震設計が広く採用されているとは言えない。

締固め悪い盛土 B の事例

　2004 年新潟県中越地震では、JR 東日本信濃川発電所の三つのフィルダムが被災し 1 年余発電が停止した（**図-3**）。浅河原ダムは、堤頂部に激しくクラックが走りコアの深刻な損傷が懸念された。しかし、実際は堤頂から深度 5m 程までしか大変形とすべりが生じておらず、下部の本体は無損傷であった（**図-4(a)**）。この原因は、堤頂から深度

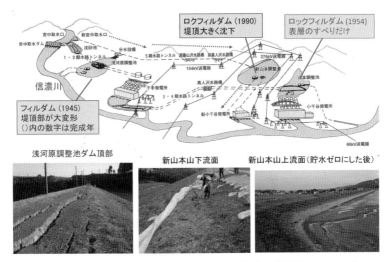

図-3 2004年新潟県中越地震によるJR東日本信濃川発電所のフィルダムの被害（文献[5]の図に加筆、写真は筆者撮影）

5m 程までは締固めが非常に悪いことであった（**図-4(b)**）。**図-4(c)**に原位置乾燥密度と室内締固め試験の比較を示すが、無被害の下流さや土の締固め度 $(D_c)_{1Ec}$ は 100% 程度と十分に高いが、天端付近での $(D_c)_{1Ec}$ は 80% と極端に低い。これは、1933 年に施工を開始してダムが完成したのが 1945 年 2 月であったため、堤頂部は締固めをほとんどしていない、あるいはできなかったためと判断された。

新山本山調整池のロックフィルダム（**図-5(a)**）は、1990 年完成であり比較的新しいが、堤頂が全長にわたり盛り立て高さの 2% 程度と大きく沈下した（**図-5(b)**）。すべりが原因であればこのような規則的な沈下は見られないことから、締固め不十分な層がダム全体にわたって存在しており、地震時に繰返しせん断変形して圧縮したと判断された。不十分な締固め原因として、以下の要因が挙げられた。

① 盛り立て時の締固め層厚は 1m であったが、盛土材の最大粒径 30cm 程度（**図-6**）であったので、それ以下の厚さでの締固めも

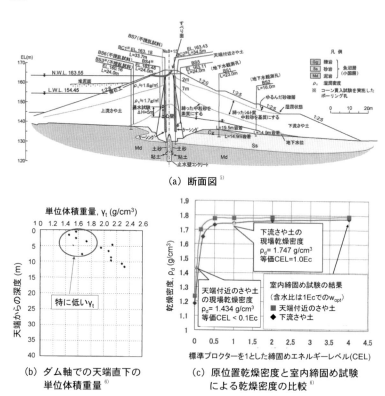

(a) 断面図 [5]

(b) ダム軸での天端直下の
単位体積重量 [6]

(c) 原位置乾燥密度と室内締固め試験
による乾燥密度の比較 [6]

図-4 浅河原調整池フィルダム

　可能であった。

② 修正プロクター4.5Ec による締固め度 $(D_c)_{4.5Ec}$ の管理値は 90%
であり、やや低い。

③ 被災後の測定（**図-7(a)**）によると、実際の $(D_c)_{4.5Ec}$ は 90%以
下の箇所もあり基準値をわずかに超えた箇所が多い。

④ 締固め管理は締固め層の全厚さ 1m での平均乾燥密度に基づい
て行われたため、各締固め層の下部の締固め不十分な部分の存在
を確認できていなかった。

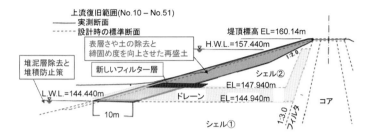

（a）典型的断面と強化復旧の概要

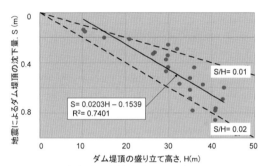

（b）2004 年新潟県中越地震によるダム堤頂の沈下

図-5 新山本山調整池ロックフィルダム（1990 年完成）[6]

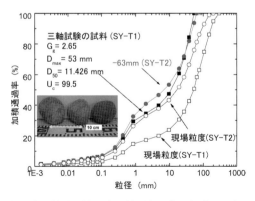

図-6 新山本調整池堤体の盛土材（良配合の信濃川河床円礫）[7]

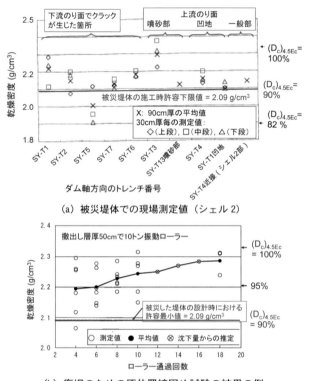

（a）被災堤体での現場測定値（シェル 2）

（b）復旧のための原位置締固め試験の結果の例

図-7　新山本調整池の堤体の乾燥密度 [6]

　復旧工事では、変形の大きかったダム堤体上流シェル部 16 万 m³ と
ドレーン部の一部 5 万 m³ を盛り直した（図-5(a)）。締固め層厚は
50cm と半分にした上で、10 トンの振動ローラで 10 回転圧した。試
験工事（図-7(b)）では、6 回の通過回数で $(D_c)_{4.5Ec}$ は建設時の管理値
（90 ％）を軽く超えて 95 ％に達した。実工事での平均乾燥密度は
2.27g/cm³ であり、$(D_c)_{4.5Ec}$ の平均値は 98 ％と十分に高い。
　また、締固めの重要性を確認するために直径 30cm、高さ 60cm の
大型供試体を用いた三軸試験が行われた。図-8 中に示す $(D_c)_{4.5Ec}$ の値

は、室内試験で用いた尖頭粒度試料（**図-6**）での値である。**図-8**(a)
は、排水不飽和と非排水飽和での三軸圧縮強度である。乾燥密度 ρ_d
が増加すると排水強度は増加するが、非排水強度の方が増加率が大き
く、排水強度を超すようになる。**図-8**(b)は、飽和供試体の非排水繰
返し三軸試験の結果であり、締固めの影響はさらに大きい。

2011 年東日本大震災では、福島県藤沼のため池のアースフィル本
堤（$H=18.5\mathrm{m}$、$L=133.2\mathrm{m}$）が越流・破堤し（**図-9**(a)）、死者 7 行方

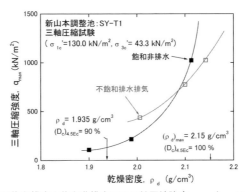

（a）不飽和排水と飽和非排水での三軸圧縮強度 qmax と・d の関係

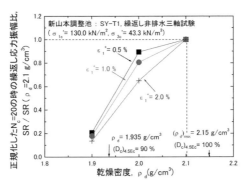

（b）正規化した飽和非排水繰返し強度と・d の関係

図-8　新山本調整池堤体の盛土材の室内試験結果 [7]

不明 1 の犠牲がでた。中央・表面遮水壁は無い（**図-9**(b)）。福島県だけで、総数 3,000 のため池の内約 750 が被災して三つが決壊した。藤沼ダムの着工は 1937 年 4 月であり、 第二次世界大戦での中断を経て 1949 年 10 月に竣工した。このため、戦後に建設された上部盛土の安定性に疑念が持たれた。実際、上部盛土から崩壊が開始している（すべり 1）[8]。すべり 1 は複数起き、またすべり 2 も生じたことから、堤頂のいずれかの場所（おそらく堤体が最も高い澪筋の位置）で越流が始まり上部盛土全体が急速に侵食されて破堤に至ったと推察された（**図-9**(c)）。上部盛土には、透水係数が高く緩詰めで飽和していると容易に強度が弱化し侵食にも弱い砂質土が用いられていた（**図-9**(b)）。その上、近代的な締固め基準・締固め機械もなく締固めエネルギーが不十分であったため全般的に締固め度が低かったが、戦後の最も劣悪な条件で建設された上部盛土の残存部の締固め度$(D_c)_{1Ec}$は 88％しかなかった。それでも、従来の慣用設計法に従って排水せん断強度を用いて $k_h=0.15$ で円弧すべり解析で求めた安全率は 1.15 であり、実際の崩壊を説明できなかった。これは、**図-1** に示す盛土 B の慣用設計の状況である。

　2014 年度から開始された藤沼ダムの強化復旧の設計条件の要点は、2011 年に襲来した地震動でも現実的な L2 地震動でも崩壊しないことである。したがって、実際の崩壊の説明だけではなく、L2 地震動に対しても安定なことを示す必要がある。従来のため池堤体の設計法では、**図-2** で 1Ec の締固め曲線に沿った$(D_c)_{1Ec}$＝90％の A 点での排水強度を設計強度としているが、この値は L2 地震動に対抗する値としては低すぎる。実施工では$(D_c)_{1Ec}$＝95％を管理値としており、$(D_c)_{1Ec}$の実測値の平均値は 98％とかなり高く締固め状態は点 M に近い。その状態では、飽和状態で非排水繰返し載荷を受けても非排水強度は十分高い値に維持されて L2 地震動に対してもダムは安定を保てる。

　図-1 に示す「L2 地震動を受ける盛土 A、B の挙動を再現しようとする耐震設計」のための Newmark-D 法を、後で紹介する。全国のた

(a) 2011 年 3 月 11 日午後 15 時 11 分撮影 （福島県提供）

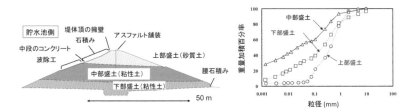

(b) ダムの構造と土質 [8]

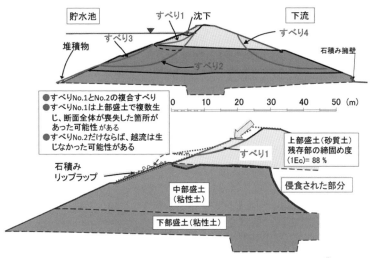

(c) 推定すべり崩壊メカニズム （No.1〜4 は生起順のすべり面） [8]

図-9　2011 年東日本大震災による藤沼本堤の越流による侵食崩壊

め池は 20 万を超え耐震診断・耐震補強が必要なため池は多数であり、Newmark-D 法を活用した耐震診断が開始されている。

図-10 は、2011 年東日本大震災において仙台市内南部の宅地被害が著しかった区域での盛土の締固め状態である。大半のデータの締固め度(D_c)$_{1Ec}$ は 85 %以下であり、締固めが極めて悪い。古い宅造盛土が多いと思われるが、ほとんど締固めしていないようである。

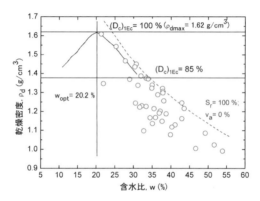

図-10 2011 年東日本大震災において仙台市内南部の
宅地被害が著しかった区域で盛土の締固め状態[9]

2．土構造物の耐震性確保のための三つの方策

三つの方策

土構造物の耐震性の確保のために有効な三方策として、①盛土の締固め管理の合理化、②現実的な L2 地震動と現実的な土の強度を用いた耐震設計と対応する強化復旧と耐震診断・耐震補強、③耐震性が高く経済的な新構造形式の採用を挙げられる。以下にこれらを説明する。

方策①に関して、盛土が緩い場合は排水設備の整備が必須であるが、排水設備は長期的に劣化する場合が多い。よく締固めてあれば、地震時に排水性が悪く飽和非排水状態になっても盛土の安定性を保て

る。また、長期的な残留変形も抑制できる。方策②に関して、締固め
の影響を鋭敏に反映した現実的な設計せん断強度を用いれば、よい締
固めを奨励できる。そのためには、「締固めによって増加するピーク
強度」が発揮された後すべり変形に伴って「締固めに独立な残留強
度」に低下していく、というひずみ軟化現象を取り入れて、物部岡部
地震時土圧論や円弧すべり安定解析に基づく Newmark すべり理論を
修正する必要がある。さらに Newmark 法は、緩い飽和土の非排水強
度は非排水繰返し載荷によって低下する現象も考慮できる必要があ
る。加えて、方策①、②だけでは耐震化の課題を効率的に解決できな
い場合で、耐震性と経済性が高い盛土・地山補強土工法や地盤改良工
法を採用するのが方策③である。方策③の有効性は、方策②の実施に
よって初めて明確に認定できる。逆に言えば、耐震設計を実施しなけ
れば方策③の必要性は十分には認定されない。

締固めの課題と方策

(a)　盛土の締固め管理値の問題

締固め度の全測定値に対する許容下限値（管理値）（**図-2**）は、土
構造物の種類・重要度、管理機関によって異なる。しかし、管理値の
根拠を定量的に示している場合はほとんど無い。この状況は非常に複
雑であるが、以下 $(D_c)_{1Ec}$ に対する管理値に統一して概観してみる。

河川堤防では従来 85％であったが、関東地方整備局管内の 2011 年
東日本大震災で被災した河川堤防の復旧工事では，より質の高い河川
堤防の構築を目指して全測定値に対する管理値を 90％に、平均値に
対する管理値を 92％に試験的に設定した。それを踏まえて、2013 年
国土交通省土木工事共通仕様書で全測定値に対する基準値を 90％に
改訂した。一般道路・鉄道の盛土は大略 90％、空港盛土・高速道
路・高速鉄道は 92〜95％程度、近代的フィルダムでは 95 ％以上であ
る。ため池堤体は、従来は 90％であったが 2015 年から 95％になっ
た。これらに対して、宅造盛土での管理値は低すぎる。2007 年以前
の宅地防災マニュアルでは 85％であり、当時の河川堤防と同じで

あった。この規定を守れば $(D_c)_{1Ec}$ の実測値の平均値は 90％程度になる。これでも十分な締固めは保証できないが、**図-10** を見ると、この締固め管理を導入する意義があったことを理解できる。ところが、2007 年度の改訂版 [10] では、「平均値に対する管理値は条件により 87％ないし 90％」と改訂された。しかし、これでは非常に低い締固め度でも許容されてしまう。この状態の改善は急務である。

(b) 乾燥密度、含水比、飽和度の総合管理

締固めが悪くなる原因は、主に四つある（**図-11**）。**図-12** に示す締固め管理法は、これらを排除して土構造物の要求性能の実現を目指す提案である [11]。

この管理法は図に示す番号順に構築するが、以下が要点である。

① 現場の締固めエネルギーレベル CEL と土質にかかわらず、締固め土の飽和度 S_r の目標値を「最大乾燥密度が得られる最適飽和度 $(S_r)_{opt}$」とする。その状態での飽和化後の強度・剛性と透水係数は、同一の CEL と土質で最善に近い。

② 締固め土の D_c だけでなく、S_r が一定の幅に入るように管理する。それにより、従来は忌避されがちな乾燥（$w<w_{opt}$）であっても、より高い CEL でより高い乾燥密度が実現できる。同時に、S_r が高すぎる状態での過転圧を避けられる。

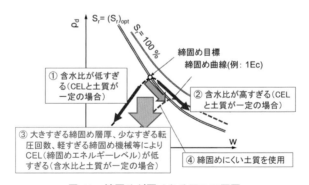

図-11　締固めが悪くなる四つの原因

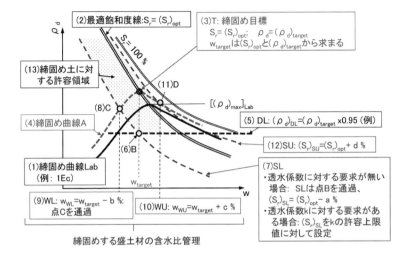

図-12　提案する盛土の締固め管理法 [11]

　③　上記①、②を容易に実現できるように、盛土材の含水比を一定の幅に管理する。

土の締固めの効果を考慮した設計

(a)　排水状態の盛土での対応

　設計で締固めの影響を適切に考慮しないと、良い締固めの意義が出てこない。**図-13** は、1995 年阪神・淡路地震後、高速道路の盛土への L2 地震動を用いた耐震設計の導入を検討した際に行った大型三軸圧縮試験と平面圧縮試験の結果の例であり、供試体は実盛土の状態に締固められている。ピーク強度は、$c=0$, $\phi=40$ 度に対応する従来の設計強度を大きく超える。L2 地震動を用いる耐震設計では、締固めが良い場合でのこのような強度を用いるのが合理的である。**図-14** は、同様な一連の三軸圧縮試験の結果に基づいて提案された「規定通り締固めた飽和排水状態の砂質土のピーク強度と残留強度の設計値」である。残留強度は、従来の設計値 $c=0$, $\phi=35$ 度に近い。このような

設計強度を用いて現実的な L2 地震動による残留すべり変位を
Newmark 法で計算して盛土の耐震性を判断する設計法は、鉄道では
高さにかかわらず[3]、高速道路では高さ 15m を超える高盛土に適用さ
れている[4]。

(b)　非排水状態の飽和土での対応

　従来の Newmark 法では、すべり変形が生じても一定値を保ち続け

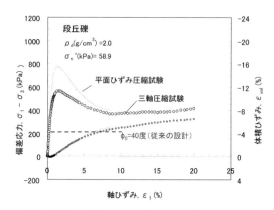

図-13　高速道路盛土材料の室内締固め供試体の不飽和排水での
三軸圧縮試験と平面ひずみ圧縮試験の結果と設計強度[12]

	ピークせん断強度	残留せん断強度
a 線	$C=0$；$\phi=45$ 度	$c=0$；$\phi=40$ 度
b 線	$C=30$ kPa；$\phi=35$ 度	$c=25$ kPa；$\phi=30$ 度

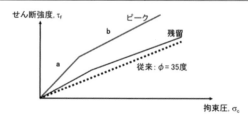

図-14　高速道路土構造の耐震性能照査に用いる盛土材の
設計強度特性の目安（砂質土）[13]

る排水せん断強度を用いる（Newmark-O 法）。一方飽和土では、**図-15** に示す「③非排水繰返し載荷によって低下して行く非排水せん断強度」を用いないと現実的な解が得られない。③に対する締固めの影響は①排水せん断強度よりも遥かに大きい。**図-16** に示す方法で求めた③を用いるのが Newmark-D 法である。

以下、実際のため池に基づいたモデル（**図-17**(a)）での解析例を示

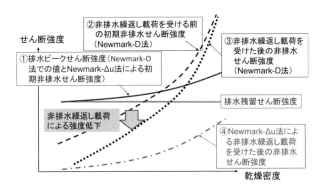

図-15　各種のせん断強度と乾燥密度の関係の模式図

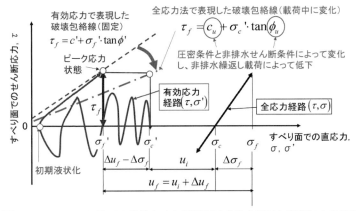

図-16　Newmark-D 法での非排水せん断強度の非排水繰返し載荷による低下

す[14]。堤体の$(D_c)_{1Ec}$を85％，90％，95％として、締固め度の影響を検討している。一様振幅の非排水繰返し三軸試験の結果（図-17(b)）に累積損傷度理論を適用して、それぞれの箇所で不規則な作用せん断応力によって生じる両振幅軸ひずみ DA の時刻歴を求めている。さらに、「非排水繰返し載荷後直ちに行った非排水単調載荷によって得られた非排水せん断強度」と DA の関係を得て、DA による強度低下特性を求めている(図-17(c))。これらを総合して、盛土・地盤内の各点での非排水せん断強度の時刻歴を得ている。さらに、南海トラフ基盤の表面での地震動を入力地震動として、剛性と減衰率のひずみ依存性を考慮した等価線形地震応答を行っている。

　なお、非排水繰返し載荷過程での非排水せん断強度 $\tau_f = c' + \sigma_c' \cdot \tan\varphi'$（$c'$と φ'は固定値）をその時々の有効応力 $\sigma_c' = \sigma_{c0}'$（初期有効応力）$- \Delta u$（過剰間隙水圧）の関数として求めるΔu 法が広く用いられている。しかし、Δu法では非排水繰返し載荷開始時は$\Delta u = 0$なので、**図-15** に示すように、初期非排水せん断強度は①排水せん断強度と一致してしまい実際の②初期非排水強度と大きく乖離して締固めの影響を過小評価する。さらに、非排水繰返し載荷中のΔu の値として、通常は各サイクルでのΔu の最大値を用いる。この値は、**図-18** に示すΔu ～DA 関係の上包絡線の値である。このため、作用せん断応力がほぼゼロでΔu が初期有効拘束圧に接近する初期液状化状態（**図-16a**）に達すると、Δu 法による非排水せん断強度はほぼゼロになる。しかし、密なほど初期液状化後もせん断変形に伴うダイレイタンシーによってΔu は大きく減少し非排水強度は回復する。これらの二重の要因によって、**図-15** に示すように、「④Δu 法による非排水せん断強度」は密になるほど「③実際の非排水せん断強度」を過小評価する。

　図-19 に、Newmark-O 法と Newmark-D 法による解析例を示す。Newmark-D 法では、地震中に水平降伏震度 k_{hv} が大幅に低下して大きな残留すべり変位δが生じている。

　図-20 に、Newmark-O 法、Newmark-D 法、Newmark-Δu 法によって得られた最終すべり変位δ～$(D_c)_{1Ec}$関係を示す。Newmark-D 法で

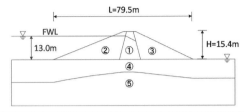

地層		単位体積重量 (kN/m³)		排水 せん断強度		初期非排水 せん断強度	
No.名称	D_c	湿潤 γ_t	飽和 γ_{sat}	c'(kPa)	ϕ'(度)	c_{u0}(kPa)	ϕ_{u0}(度)
① コア	95%	18.5	19.6	15	22	30	20
②③ランダム		18.0	19.6	1	50	45	20
① コア	90%	18.0	19.1	12	19	18	13
②③ランダム		17.0	19.1	7	40	15	20
① コア	85%	16.5	18.5	10	15	15	10
②③ランダム		16.0	18.5	5	35	4	30
④支持地盤(N=20)		17.0	17.4	37	31.5	37	31.5

（a）解析モデル

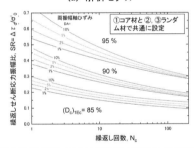

（b）異なる(Dc)1Ec における非排水繰返し三軸強度曲線

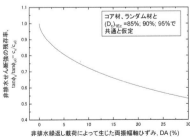

（c）非排水繰返し載荷による非排水せん断強度の低下特性の例

図-17 Newmark 法による解析例 [14]

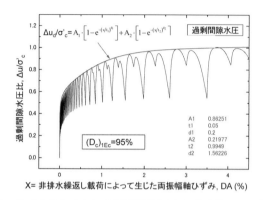

$$\Delta u_d / \sigma'_c = A_1 \cdot \left[1 - e^{-(\sqrt{t/t_1})^{d_1}}\right] + A_2 \cdot \left[1 - e^{-(\sqrt{t/t_2})^{d_2}}\right]$$

過剰間隙水圧

A1	0.86251
t1	0.05
d1	0.2
A2	0.21977
t2	0.9949
d2	1.56226

$(D_c)_{1Ec}$=95%

X= 非排水線返し載荷によって生じた両振幅軸ひずみ, DA (%)

図-18　Δu法での各サイクルでの過剰間隙水圧の最大値Δu_dの求め方 [14]

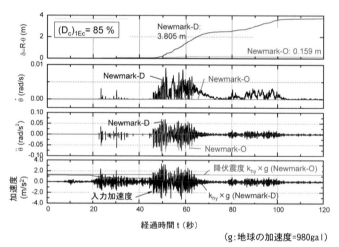

（g：地球の加速度=980gal）

図-19　D_c=85％でのNewmark-O法とNewmark-D法による解析の比較例 [14]

は、$(D_c)_{1Ec}$が低下するとδは急増し、$(D_c)_{1Ec}$が増加するとδは急減する。一方、Newmark-O法では、密詰めでのδはNewmark-D法と同様に小さいが、緩詰めでのδはNewmark-D法での値よりも著しく小さく、地震時のすべり崩壊の危険性を過小評価する。Newmark-Δu

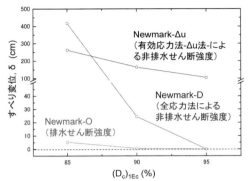

図-20 異なる Newmark 法による **δ 〜 Dc** 関係の比較 [14]

法では、緩詰めでの δ は Newmark-D 法による値と類似であるが、密詰めでの δ は Newmark-D 法による値よりも著しく大きく、締固めの効果を著しく過小評価する。このため、良く締固めても必要な耐震性が得られず、設計が過度に安全側（すなわち過度に不経済）になる。

　飽和領域を持つ盛土・地盤系の地震時安定解析では、上記の現象を的確に表現できる必要がある。Newmark-D 法は、近似解析法であるが締固めの残留すべり変形に対する大きな影響を鋭敏に示せる。

補強土工法の適用

　ジオシンセティックス補強土（Geosynthetic-Reinforced Soil, GRS）構造物は普及が進んできており、鉄道構造物では標準的な土構造物となった。これは、鉄道構造物では現実的な L2 地震動で耐震設計するようになり GRS 構造物は従来形式の擁壁・盛土よりも高い耐震性があることが定量的に示され、また高い性能と経済性が実証されてきたからである。その一つの契機は、1995 年阪神・淡路大震災で多数の従来形式の擁壁が崩壊したが（**図-21**）、剛で一体の壁面工を持つ GRS 擁壁（**図-22**）が高い耐震性を示したことである（**図-23**）。

　この工法の特長は、ジオシンセティックスで補強した盛土を建設後、盛土と支持地盤の変形が終了してから剛で一体の壁面工を補強材

図-21 1995年阪神・淡路大震災での石屋川駅付近重力式擁壁の被災状況

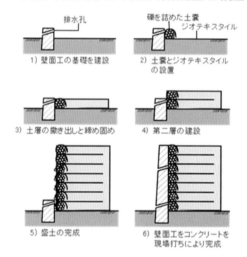

図-22 剛で一体の壁面工を持つ GRS 擁壁の施工法

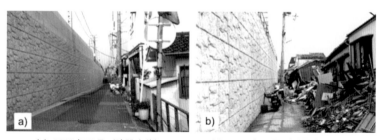

(a) 1992 年 7 月（建設直後）   (b) 1995 年 1 月（地震後 1 週間）

図-23 JR 神戸線たなたでの GRS 擁壁

と連結して建設し、この壁面工によって GRS 擁壁の安定性を確保することにある。2011 年東日本大震災でも、東北 6 県 96 カ所で建設されていた GRS 擁壁は無被害であった。この工法の研究は 1980 年代前半に開始され、1990 年から本格的に建設され始め、今日まで 1,000 カ所以上、壁延長 160km 以上建設された（**図-24**）。建設中建設後に問題が生じた例はない。北海道新幹線では、盛土と擁壁に加えて橋台とボックスカルバートもすべて GRS 構造物となった（**図-25**）。

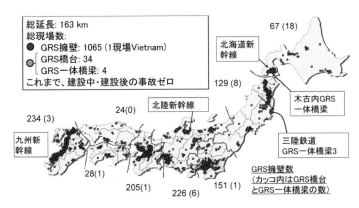

図-24　2015 年 6 月までに建設された「剛な一体壁面工を持つジオシンセティックス補強土擁壁」と GRS 橋台、GRS 一体橋梁の建設位置

　最新の GRS 構造物は、GRS 一体橋梁である（**図-26**）。一対の GRS 擁壁を橋台として建設してから連続桁を壁面工の上端に連結して、桁・補強盛土を一体化する。その結果、耐震性が著しく向上し、壁面工・盛土間の段差が生じなくなる。また、ライフサイクルコスト（建設費プラス維持費）は従来工法の橋梁よりも確実に低くなる。

　最初の GRS 一体橋梁は、北海道新幹線木古内駅近くで 2011〜2012 年に建設された。一方、2011 年東日本大震災では津波によって海岸沿いの 340 の道路・鉄道の橋梁の桁と取付け盛土が流失した。**図-27**(a)は地震直後のハイペ沢であり、トンネル間の鉄道と道路の橋梁

126

記号	GRS構造物	施工延長 または 箇所数	最大高さ (m)
R	GRS擁壁	3,528 m	11.0
A	GRS橋台	29	13.4
I	GRS一体橋梁	1	6.1
B	GRS一体ボックスカルバート	3	8.4
T	GRSトンネル坑門工	11	12.5

図-25　北海道新幹線木古内～新函館間で採用された GRS 構造物

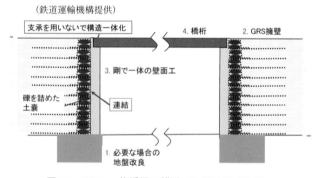

（鉄道運輸機構提供）

図-26　GRS 一体橋梁の構造（数字は施工順序）

が完全に流失した。GRS 一体橋梁は、津波に対する弱点である沓が
なく、同じく弱点である取付け盛土は安定化されていることから、津
波に対しても高い耐力を持つと判断されて、三陸鉄道の三つの橋梁の
復旧に活用された。図-27(b), (c), (d)は、2014 年春に完成した桁長さ
60m の GRS 一体橋梁である。

(a) 2011 年 3 月 30 日

(b) 2014 年 5 月 19 日（GRS 一体橋梁で復旧後、2012～2014 年度建設）

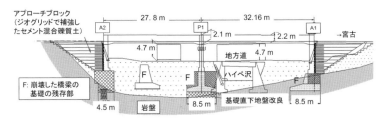

(c) 構造

(d) 2014 年 4 月 6 日

図-27　三陸鉄道岩手県島越－田野畑間ハイペ沢橋梁

3．まとめ

　土構造物の耐震化は、必要性が認識されても、広域での多数の土構造物を対象にした場合は「耐震設計せずに、被害を受けたら復旧する」と言う方針が根強い。この論拠は「土構造物は復旧が容易」と「耐震化に伴う高コスト」である。しかし、①大規模重要土構造物では被害・復旧に伴う直接コストだけでなく社会的コストが莫大になり、②耐震化に伴う盛土の締固めの向上、排水設備の整備、構造形式の改善等によって豪雨時の安定性向上や長期残留変形の抑制による維持管理費も低減し、③補強土工法などによって耐震性の向上とともにライフサイクルコストが確実に低減する。これらを考慮すれば、上記の方針は一般化できない。全ての土構造物ではなく、①被害による社会的影響が大きく復旧にコストが非常にかかる重要な土構造物は、②維持管理費の低減も狙って締固めを向上し排水設備を整備し、③補強土工法などを活用することによって、現実的な L2 地震動に対する耐震設計を実施するのが合理的であり、実際実施可能である。

参考文献

1) 国土交通省河川局（2005）：大規模地震に対するダム耐震性能照査指針（案）・同解説、平成 17 年 3 月
2) 龍岡文夫・山田康裕・田村幸彦（2014）：GRS 擁壁の耐震設計の意義と冗長性の役割、国際ジオシンセティックス学会日本支部ジオシンセティックス論文集 Vo.29、pp.73-80
3) 鉄道総合技術研究所編（2009）：鉄道構造物等設計標準・同解説（耐震設計）、丸善
4) 東日本高速道路株式会社・中日本高速道路株式会社・西日本高速道路株式会社（2009）：高速道路設計要領 第一集、土工編、第 6 章 高盛土・大規模盛土、平成 21 年 7 月
5) 滝沢 聡・島峰徹夫・野澤伸一郎・大町達夫（2007）：2004 年新潟県中越地震による浅河原調整池ダムの被害とその被害に対する考察、土木学会論文集 C：63(2)、pp.612-623
6) 東日本旅客鉄道株式会社（2006）：信濃川発電所復旧工事技術専門委員

会報告書

7)　佐々木朋子・島峰徹夫・野澤伸一郎・木村　勝・長谷川浩夫・龍岡文夫・平川大貴（2008）：種々の条件での繰返し及び単調載荷における粗粒材の変形強度特性、土木学会論文集 64: 2、pp.209-225

8)　Tanaka, T., Tatsuoka, F., Mohri, Y. (2012): Earthquake-induced failure of Fujinuma Dam, Proc. Int. Symp. on Dams for a Changing World, Kyoto, June 5, Vol. 6, pp.47-52.

9)　佐藤真吾・栗谷将晴・南　陽介（2014）：東北地方太平洋沖地震における谷埋め盛土造成宅地に被害と復旧課題、第 47 回地盤工学研究発表会、八戸、論文 E-08、pp.1477-1478

10)　宅地防災研究会編集（2007）：宅地防災マニュアル 第二次改訂版

11)　龍岡文夫ほか（2013～2015）：地盤工学・技術ノート、盛土の締固め 1～20 回、「基礎工」2013 年 7 月号～2015 年 2 月号、総合土木研究所

12)　緒方健治・山田眞一・酒井運雄・龍岡文夫（2003）：礫質盛土材料の平面ひずみ・三軸圧縮試験による強度・変形特性、第 38 回地盤工学研究発表会、秋田

13)　高速道路調査会（2004）：高速道路土構造の耐震設計に関する検討委員会報告書（2004 年 3 月）

14)　龍岡文夫・デュッテイン、アントワン・矢崎澄雄・毛利栄征・上野和弘（2015）：地盤工学・技術ノート第 29 回、盛土の地震時残留すべり計算⑨、「基礎工」2015 年 11 月号、総合土木研究所

§7 地盤環境リスクと発生土問題への対応

勝見 武

1．発生土問題をとりまく状況

　地盤工学の分野では、長年にわたって資源の有効利用について様々な取り組みがなされてきた。その代表例は掘削等によって発生した土、すなわち発生土の取り扱いに関する問題であり、発生土を適切に扱うということが昔からされていて、有効利用のための技術の開発や制度の整備が蓄積されてきた。建設工事から発生した土だけでなく、石炭灰やスラグなど他産業の副産物を地盤材料として利用することも試みられている。また、汚染土壌に対しても、浄化や封じ込め等の技術によって土を不要物とせず、資源としての土あるいは土地を有効に活用することが重要課題に位置付けられている。一方、最近では2003 年に土壌汚染対策法が施行されたこともあって有害物質に対してより一層の配慮がなされるようになり、特に自然由来の重金属等など高濃度ではないが基準を超過して有害物質を含む発生土の扱いについて議論されるようになっている。地盤中の有害物質によるリスク、すなわち地盤環境リスクにより厳しく向き合う必要性がでてきているのである。

　建設リサイクルというキーワードのもと、土の有効利用が長年にわたって進められてきたこの分野において近年ならびに近未来の状況を概観する際には、災害復興、新幹線事業、大都市圏の高規格道路整備事業、東京オリンピック・パラリンピック、といったキーワードが挙げられる。災害復興では、2011 年 3 月 11 日に発生した東北地方太平洋沖地震と大津波により約 3,000 万トンの大量の災害廃棄物が発生し

たが、重量にしてその約 1/3 が土であり、その土の取り扱いが議論された[1]。一方で東日本大震災からの復興事業では沿岸平野部の海岸林や市街地のかさ上げなどで多量の土が必要とされている。すなわち、災害復興における土の供給・需要の問題が注目されているのである。2015 年 3 月に金沢まで開業した北陸新幹線ならびに 2016 年 3 月函館まで開業予定の北海道新幹線のさらなる延伸事業や、リニア新幹線事業などでは、新幹線の線形の制約からトンネル区間が多く相当量の掘削ずりが発生する。首都圏や関西圏での環状道路整備事業などでは、市街地における土地利用の制約から大深度地下の利用も進められるが、ここでも多量のトンネル掘削発生土が生じる。2020 年の東京オリンピック・パラリンピックに向けて実施される様々なインフラ整備事業でも、発生土の対応が求められるであろう。

　発生土を利用するにあたっては、汚染の問題に留意をする必要がある。日本では 1993 年に土壌環境基準が定められ、さらに 2003 年に土壌汚染対策法が定められた。土壌汚染対策法では、指定基準として土壌溶出量基準ならびに土壌含有量基準が設定されている。環境基準がいわゆる目標値であるのに対し、指定基準は対応について一定の強制力をもつ。土壌溶出量基準は地下水の摂取を、土壌含有量基準は土壌の直接摂取によるリスクをそれぞれ想定していて、地下水であれば一日 2 リットルを、土壌であれば子供は 1 日 200mg、成人は 1 日 100mg を 70 年間摂取し続けても、健康被害が一定のリスク以下となるよう設定されている。したがって、基準値を超えているからと言って直ちに健康被害を生じるというものではない。基準の項目（すなわち有害物質）としては、トリクロロエチレンやトリクロロエチレンなどの有機化合物のグループ、鉛やカドミウムといった重金属とそのグループ、シマジンなど農薬のグループに分類でき、土壌汚染対策法ではそれぞれ第一種、第二種、および第三種特性有害物質とされている。

　自然状態の地質・地盤の中には、鉛やヒ素等の重金属を含むものがある。このような地質・地盤から土試料を採取して溶出試験を行う

と、前述の基準を超過するものもある。なお、含有量基準を超過する
ものは希少で、そのほとんどは溶出量基準の超過である。基準を超過
しているため土の有効利用がなされなかったり、基準超過土を処理す
るための費用が過大ではないかといったことが近年議論になってい
る。有害物質によるリスクは回避・低減しながら、適切なコストで強
靭な社会基盤の整備を行っていくことが重要である。

2．自然由来の重金属等

　自然由来の重金属等としては、ヒ素、鉛、フッ素、ホウ素などがよ
く問題となる。これらの物質が、環境基準あるいは土壌汚染対策法の
指定基準を超過して溶出する事例がよくみられる。具体的な例として
は、海成の堆積層や熱水変質作用を受けた地層などであり、ヒ素や鉛
などの重金属等で基準を超える溶出量を示す可能性がある「要注意の
地質」ということで、工事関係者にはよく知られている。なお、建設
工事で発生する全ての掘削土が土壌汚染対策法の対象となるわけでは
ない。例えば、岩石は土壌ではないので、岩石地山からの掘削物（掘
削ずりと呼ばれる）は土壌汚染対策法の対象とはならない。しかし、
掘削したあとの掘削物は盛土等に使われることが多いため、土壌汚染
対策法に準じた取り扱いがなされ、前述の指定基準に照らして環境安
全性が評価される例が多い。

　自然由来の重金属等で基準を超過するものは、中には非常に濃度が
高いものが無いわけではないが、多くの場合は濃度は低く、基準値を
わずか超えている、あるいは数倍超えているといったレベルのもので
ある。しかしながら、基準超過をしていると地層全体が要対策の対象
となりうるということで、コストは土量あたりの処理単価と掘削土量
の掛け算となり、対応のためのトータルコストが莫大になる。**図-1**
に人為の汚染と自然由来の重金属等についての典型的な模式図を示し
たが、人為の汚染が一般に汚染源から離れるに従って濃度が低下する
のに対し、自然由来の重金属等は濃度のばらつきはあるもののある一

箇所あるいは一方向に向かって濃度が高くなるという空間分布は示さない。

人為の汚染は局在性
がある場合が多い

自然由来の重金属等
は局在性がみられない

図-1　人為汚染（上図）と自然由来の重金属等（下図）のイメージ

　基準を超過した掘削土の対応方法にはいろいろなものがある。このような土を盛土材料として受け入れてもらえるところがなければ、土壌処理施設や処分場に受け入れることになり、費用もかかるため、多くの現場では何らかの形で土として利用することが試みられている。代表的な方法の一つは、、盛土の中で対象となる掘削土をジオメンブレン（遮水シート）でくるむという方法で、「封じ込め盛土」などと呼ばれている（**図-2**）。この方法は重金属等の対応という観点ではもちろん効果はあるが、力学的すなわち構造安定性の観点で難しさがあ

ジオメンブレン（遮水シート）

自然由来の重金属を含む土

図-2　封じ込め盛土

る。つまり、遮水シートと土との界面摩擦を考慮した上で盛土の設計を行う必要があり、特に遮水シート上の覆土のすべりに注意が必要である。すべりを避けるために遮水シートをできるだけ盛土の奥におくようにすると、肝心の掘削土を受け入れる容量が減ってしまう。

「吸着層工法」は北海道を中心に近年採用されている工法である（**図-3**）。対象となる重金属等に対して吸着性能を有する材料を土砂と混合して敷均し・締固めにより吸着層を設け、その上に自然由来重金属等を含む掘削土を盛り立てるものである。吸着層に対して十分な締固めを行うことができれば構造上の弱点は生じにくいという点では有効な工法である。一方、盛土内の浸透水の流れの不均質性などを考えると、掘削土からどれだけの重金属等が溶出してくるのか、それに対してどれくらいの吸着能力を吸着層に具備すべきかといった点については、明確な答えはまだ出ていないというのが筆者の理解であり、今後の研究と技術開発が求められる。

図-3　吸着層工法[2)]

3．自然由来の重金属等を含む発生土の扱い

前項の**図-2**や**図-3**に示したような封じ込め盛土や吸着層の工法は「管理型盛土」などとも呼ばれる。このような盛土が話題になるようになったのは主には土壌汚染対策法施行後ではあるが、環境規制がなかった頃にも酸性を呈する発生土など環境影響の問題がある土は昔から存在していて、適切な対応は行われていた。しかしながら法律と基準が施行されると、そのもとでの設計・施工を行うことになる。要対策盛土は通常の盛土に比べると施工に費用も手間もかかるので、基準

を満足する掘削土と満足しない掘削土とを分類し、満足しない掘削土のみを要対策盛土で受け入れるのが望ましい。そのため、現場では法令順守と環境安全性に配慮しつつ合理的なコストで工事を遂行するための様々な取り組みがなされている。

　まず考えなければならないのが、掘削土が環境安全性の観点で問題があるかどうかをどのように判定するかである。もしトンネル掘削現場の坑口のすぐ近くに十分な面積のストックヤードが確保できるのであれば、掘削した土を実験室に持ち込んで環境安全性の試験を行っている数日の間、当該日の掘削土を仮置きしておくことができる。実験結果が得られた後、この日に掘削した土は管理型盛土へ、あの日に掘削した土は通常の盛土へと運ぶという手順を日々繰り返すことになる。試料採取の方法も重要で、例えば掘削断面に複数の異なる地質が存在するのであれば、試料採取の恣意性を避けなければならない。一方、仮置きのためのストックヤードが確保できないということになると、先行ボーリングなどで予め採取した試料で環境安全性に関する試験を行うという方法が考えられるが、その場合は地層の傾斜や不連続性などを考慮して、安全側を考えて要対策土（管理型盛土に受け入れる掘削土）が多めになる可能性もでてくる。いずれの方法も、掘進速度によっては日々多量の掘削土が発生することになり、掘削土運搬のロジスティックスにも配慮が必要になる。

　これらの環境安全性の判定を終えた掘削土は、基準を満足するものは通常の盛土で受け入れられ、基準を超過したものは管理型盛土で受け入れられるか処分される。これらの受け入れが十分にあるのかどうかは、掘削を伴う大規模事業を遂行する上での前提となる。また、掘削・判定の結果を受けての受け入れがあるのではなく、受け入れの容量によっては判定の仕方も影響を受ける。すなわち、管理型盛土の容量が小さいのであれば要対策土の量はできるだけ減らす必要があり、先行ボーリングで判定するよりも掘削土を対象にして直接判定した方がより適切という場合もありうる。逆に、トンネル掘削の工期に制限がある場合などは、管理型盛土の容量を増やしたり、要対策土を処分

場に運んだりといった方法も考えられる。地質、掘削方法、判定方法、周辺の環境条件（ストックヤードや道路事情）、受け入れ先の状況など全てが関係し合う中で、答えを出していく作業なのである（**図-4**）。

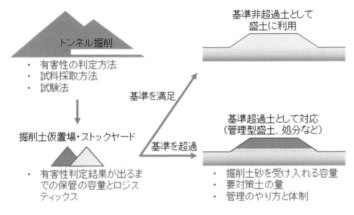

図-4 自然由来の重金属等を含む掘削土の対応の概要[3]

4．環境安全性を判定するための試験法

　試験によって対策の要否を判断するとは言いながら、その前提となる試験の方法にも議論がある。**表-1** は、土ならびにそれに準じた材料の環境安全性や環境リスクのポテンシャルをはかるための、公的・準公的な溶出試験の例を示したものである。溶出試験は、土を水などの溶媒に入れて振とうあるいは浸漬を行い、水に溶け出した化学物質の濃度を測定することにより行われる。粉砕や風乾の有無など土試料の前処理が試験結果に影響を及ぼす。セメント系固化材で固めた土などは現場で粉砕されることはないから、**表-1** に示すように粉砕せずに行う試験方法も定められている。一方、土壌環境基準や土壌汚染対策法の指定基準（溶出量基準）については、2mm 以下の風乾試料を用いることとなっているため、セメント改良土や岩石についても、

2mm 以下に破砕して試験が行われる例が多い。もちろん、岩石の場合、大きな岩石のままでは試験はできないし、実際に現場では掘削した岩石を別の場所で盛土（管理型盛土を含む）に使うため、ある程度破砕もするから、試験をするときも破砕が必要ということになる。土壌汚染対策法では団粒になった土粒子を 2mm 以下に「粗砕」するように規定されていて、「破砕」の指定はない。そうではありながらも、岩石が出てくる多くの現場では、2mm 以下で試験をしなければならないということで破砕して試験がなされていて、この破砕の仕方が実現場から乖離していないかが議論となっている。

表-1 公的な溶出試験方法の例 [4]

試験方法	前処理		検液の作製方法
	破砕等の有無	風乾の有無	
土壌の汚染に係る環境基準について （環境庁告示第 46 号、平成 3 年 8 月 23 日）	○	○	振とう
土壌溶出量調査に係る測定方法を定める件 （環境省告示第 18 号、平成 15 年 3 月 6 日）	○	○	振とう
重金属等不溶化処理土壌の pH 変化に対する安定性の相対的評価方法（土壌環境センター GEPC・TS-02-S1、平成 20 年 3 月 7 日）	○	○	振とう
産業廃棄物に含まれる金属等の検定方法 （環境庁告示第 13 号、昭和 48 年 2 月 17 日）	○	×	振とう
セメント及びセメント系固化材を使用した改良体の六価クロム溶出試験方法（セメント協会 JCAS L-02: 2004、平成 16 年 9 月 30 日）	○	×	振とう
スラグ類の化学物質試験方法—第 1 部：溶出量試験方法（JIS K 0058-2005、平成 17 年 3 月 20 日）	×	×	浸漬
硬化したコンクリートからの微量成分溶出試験方法（案） （土木学会 JSCE-G575-2005、平成 15 年 5 月 30 日）	×	×	浸漬
セメント及びセメント系固化材を使用した改良土の六価クロム溶出試験実施要領（案） （国官技第 16 号・国営建第 1 号、平成 13 年 4 月 20 日）	×	×	浸漬

　破砕の程度が自然由来の重金属等の溶出特性に及ぼす影響については、いくつかのデータが報告されているが [5]、そのほとんどが最大粒径を 2mm などに設定して破砕を行ったものであり、岩石ごとの破砕のしやすさや組織の違いによる溶出特性を考慮しきれていない部分もある。筆者らは、最大粒径は定めず、現場での作業を考慮して破砕に要するエネルギーを一定に定めたときの溶出特性を検討している [6]。一定のエネルギーでの破砕なので、すべてがきれいに破砕できるわけ

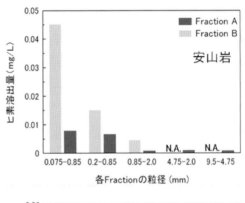

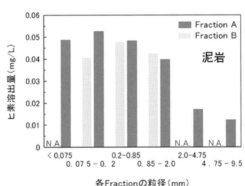

図-5　破砕した岩石の粒径区分ごとの溶出特性 [6]
（図中の Fraction A と B は破砕方法が異なる）

ではなく、細かくなるものもあるが粗いまま残るものもある。そこで粗いものと細かいものそれぞれについて、ヒ素の溶出量を測定した結果が**図-5**で、岩石の種類によって大きく二つの傾向に分かれた。第一のグループの代表として安山岩の例を示しており、細かく砕けたところは溶出濃度が高いが、粗いまま残った部分はあまり溶出がみられなかった。一方、泥岩については、破砕の際に粗いまま残った部分も細かく砕けた部分も、それほど溶出のポテンシャルは違わなかった。電気伝導度についてもヒ素溶出量と同様の傾向が得られている。さらなる検証が必要ではあるが、泥岩は比較的プレーン・均質であり、重金属溶出量の破砕粒度依存性は小さく、一方の安山岩ではもともと不均質性を有しており、細かく砕ける部分に化学的に溶出性の高いポテンシャルを持っていたと言えそうである。これらの傾向も踏まえ、岩石をはじめとする掘削物の種類と特性を配慮し、盛土など掘削物がおかれる環境条件を考慮した評価の方法が求められる。

5．災害廃棄物から再生された分別土

　2011 年 3 月 11 日の東北地方太平洋沖地震と大津波により大量の災害廃棄物が発生した。多くの被災地では、災害廃棄物は津波堆積物と呼ばれる土砂と混ざった状態で発生した。その結果、重量でみると処理すべき災害廃棄物の約 1/3 は土であった。また、約 1/3 はコンクリートで、これらを復興資材として活用するための取り組みが多くの関係者によってなされた。

　このような混合状態の廃棄物の中から土を取り出す、すなわち分別することは、廃棄物混じり土に遭遇する建設現場などでなされてはいたが [7]、これだけ大規模に分別土を製造して活用するという試みは初めてであろう。分別土と一口に言っても、通常の土と全く遜色のない非常にきれいな土から、見るからに木くずが残存していてこれでは土木工事には使えないだろうという土まで様々であった。そこで、例えば「岩手県復興資材活用マニュアル」では、分別土を分別土 A 種、

分別土 B 種、ふるい下残渣の三つに分類し、分別土にも品質の良い
ものとそうでないものがあることを示して戦略的な有効利用を目指し
た。これらは復興工事で使われることが期待されたが、震災後 2 年ほ
どはその機運に欠けていた。その理由の一つは、災害廃棄物処理を担
当している部署と、復興工事を担当している部署・機関が異なるた
め、別の管轄下で廃棄物であったものを材料として利用することに躊
躇があったことが理解できる。もともとの土の物性、仮置きの仕方、
分別処理の方法などによって分別土の特性も様々であったことも利用
を妨げた一因であろう。さらには、前節までで述べた自然由来の重金
属等、特にヒ素やフッ素等が若干含まれているものもあった。なお、
筆者が知る範囲のデータでは、溶出量基準を超えると言っても、高い
もので基準の 1.5 倍程度であった。また、分別土の運搬や貯蔵の課題
もあったし、高台移転のための大規模な切土工事からでてくる発生土
との競合も問題とされた。

　そのような状況の中、これまで我が国が進めてきた資源循環の方向
性を大きく後退させるわけにはいかず、また現地には処分場の容量も
限られていたことから、災害廃棄物から再生された分別土を使うこと
の重要性が議論され、地盤工学会で国立環境研究所の委託業務とし
て、このような分別土を使うための「提言」を行うための復興資材提
言委員会（災害からの復興における災害廃棄物、建設副産物及び産業
副産物の有効利用のあり方に関する提言検討委員会）が組織された。

図-6　資材アロケーションの最適化のイメージ [8]

ここでは、岩手、宮城、福島の三つの県の土木と環境のそれぞれの部局や、関係する省庁の担当者の参画も得て、資材の利用の促進や、地域全体で分別土・発生土の用途先を交通整理すべきであるといったことを、環境コストなども含めて示した[8]。

さらに、分別土を使うための具体的な技術指針の必要性から、復興資材提言委員会では「災害廃棄物から再生された復興資材の有効活用

表-2 復興資材を利用する場合の有害物質による環境影響に関するモニタリングの考え方[1]

No.	材料履歴と環境分析結果				利用先制限	施工後モニタリング
	分別処理前分析	他の材料との混合	分別土砂の改質	分別・改質処理後分析		
1	基準適合	無	無	基準適合	制限なし	不要
2	基準適合	無	無	分析なし	制限なし	不要
3	実施の有無を問わない	有	無	基準適合	制限なし	不要
4	実施の有無を問わない	有	有（不溶化を目的としない改質－石膏や石灰等－に限る）	基準適合	制限なし	不要
5	基準適合	実施の有無を問わない	有（不溶化を目的とした改質－キレート処理等－を含む）	基準適合	制限なし	「緩やかなリスク管理（レベル1)」の考え方でモニタリングを実施
6	基準超過／基準適合が確認できていないもの	実施の有無を問わない	実施の有無を問わない	基準超過／基準適合が確認できていないもの	制限あり	「厳格なリスク管理（レベル2)」の考え方でモニタリングを実施

ガイドライン」[1] を作成した。ここでは分別土の用途ごとの適用の記述に加えて、重金属等による環境安全性への対応について踏み込んだ議論をしている。すなわち、**表-2** に示すように分別土を基準適合の是非と判定の手順によって 6 つに分類し、その特性に応じた有効利用と管理を示している。具体的には、No.1 から No.4 については、基準を適合していることから通常の土と同様に利用してよい。一方、No.5 はもともと基準を超過していたものを不溶化等の処理をして基準適合させたということで、将来のモニタリングが必要である。No.6 は基準を超過しているものだが、基準を超過していてもそのレベルが一定程度以下であれば（例えば、基準の 3 倍など）、一定の条件下（地下水と離れている、継続的に管理できる等）で管理をしながら使っていくことを提案している。この考え方は、災害時の復興資材の活用だけでなく、平時の資材の活用すなわち自然由来の重金属等を含む発生土の利用においても適用が期待される。

6．放射性汚染土壌への対応

　発生土ではないが、原子力発電所事故で生じた放射性汚染土壌への対応も重要な国家課題である。除染とは放射性物質への被ばくリスクを低減するために表土を削り取ったり建物等の表面を洗浄あるいは研磨したりする作業で、これにより大量の除去土壌・廃棄物が発生し、その量は 2000 万 m³ にのぼるとも言われている。除去土壌・廃棄物は仮置場にて仮置きされた後（3 年程度）、中間貯蔵施設にて保管し（30 年程度）、その後に最終処分を行うというのが国が定めた方針であり [9]、現在は仮置場における適切な保管に関して配慮がなされるとともに、中間貯蔵施設の建設と除去土壌の受け入れに向けた対応が進められているところである。

　放射性物質を含む土壌については、分級などの処理によって放射性物質を濃縮させた高濃度土壌と非常に濃度が低い土壌とに分別する技術も確立されつつある。低濃度土壌は再生利用が可能となり、保管・

処分対象の量を減らすことができるが、このような低濃度土壌の利用にはそのための基準の整備が必要で、極低濃度の放射線に対する慎重な被爆評価を行うとともに、土地所有者や管理者ならびに住民を含む周辺の関係者の理解が前提となる。土の再掘削や流亡などへの考慮が必要となることから、一定程度の管理が保証される用途への利用が考えられる。中間貯蔵施設内でも相当量の覆土が必要とされることから、覆土等への利用は外部から持ち込む土量の削減の観点からも有効である [10]。**図-7** は中間貯蔵に向けた減容化と再生利用の位置づけを示しているが、最終処分に向け、放射能の低下も考慮して再生利用も含めた土壌管理を戦略的に行っていくことも重要である。一般環境での利用にあたっては、土とセシウムの相互作用ならびに地盤中でセシウムの移動性に関する検証が必要であり、知見の蓄積もはかられつつある [11]。

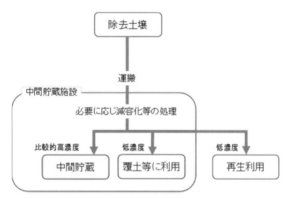

図-7 中間貯蔵に向けた除去土壌の取り扱いの方向性

参考文献
1) 地盤工学会（2014）：災害廃棄物から再生された復興資材の有効活用ガイドライン
2) 北海道環境保全技術協会（2012）：技術レポート No.6「吸着層工法設計マニュアル」

3) 土木研究所・土木研究センター地盤汚染対応技術検討委員会（2015）：建設工事で発生する自然由来重金属等含有土対応ハンドブック、大成出版社

4) セメント協会（2012）：セメント系固化材による地盤改良マニュアル　第4版

5) 国土交通省（2010）：建設工事における自然由来重金属等含有岩石・土壌への対応マニュアル（暫定版）

6) 片山真理子・勝見　武・乾　徹・出島　茜（2010）：自然由来の重金属を含有する岩石の溶出特性に破砕のしやすさと粒度が及ぼす影響、第45回地盤工学研究発表会、pp.1961-1962

7) 土木研究所監修・土木研究センター編集（2009）：建設工事で遭遇する廃棄物混じり土対応マニュアル、土木研究センター

8) 地盤工学会（2014）：災害からの復興における社会基盤整備への復興資材等の利用のあり方に関する提言

9) 環境省（2013）：除去土壌等の中間貯蔵施設の案について

10) 環境省（2015）：中間貯蔵除去土壌等の減容・再生利用技術開発戦略検討会（第1回）資料

11) 地盤工学会（2015）：土壌中の放射性セシウムの挙動に関するレビュー、環境省環境回復検討会（第15回）資料

§8　福島第一原発の汚染水対策における
　　リスク評価および低減対策

大西有三

１．汚染水処理対策におけるリスク項目の抽出

　福島原発の汚染水対策については、直接は地盤工学の話ではないが、リスクに関連することという意味ではこの話も参考になるかと思い、本稿のテーマに取り上げる。

　我が国にとって、福島原発事故関連の話の中で原発汚染水の存在というのは、非常に大きなリスクになっているということは広く認識されていることだろう。汚染水処理対策委員会が発足したのは、3月11日の震災の2年後と非常に遅い時期であった。それはつまり、いろいろ報道されているように、ほとんどの対策が行き当たりばったりという形で進められてきたことに対する批判が起こってから活動が始まったということである。

　そもそも事故対応が始まった当初に、地盤と地下水分野の専門家が汚染水の処置に全く関与していなかったということが、非常に大きなリスクであったと思う。初動の遅れが後々の対応策に響いたといえる。リスク管理上、手当てが遅れたために後で大変なことになったという例は多いが、そのようなことが強く認識されてきたので平成25（2013）年4月に汚染水処理対策委員会をつくろうということになったようである。そこで、委員会の中に地盤を含めた土木の専門家をはじめいろいろな分野の専門家を入れて、この現状に対してどういうことをやったらいいかという議論が始まった。

　そのときには IAEA などの国際的な放射線安全基準とか、事故炉と

してのリスクレベルの高さを認識した上で、どういう対処ができるかとか、また、安全な廃炉という大きな目標に向かって、30 年、40 年先まで考えた上でのリスクの低減を、どのような時間軸に沿ってどういうふうにやっていったらいいかということが話題になった。

　その最中にも次から次へと、地盤、地下水、土木関係の問題が引き続いて出てきた。地盤内で起こっている現象を理解した上での対処がうまくできていなかったために、地下水流入とか、貯水タンクはどうするのかとか、汚染水が漏れたときにはどんな対応策をとるべきかとか、問題が一斉に吹き出してきたので、頻繁に委員メンバーが集まり、会議を行って対処法を検討した。紆余曲折の上、その年（2013 年）の 12 月中旬に汚染水対策に関する中間報告書 [1] を提出し、一定の方向性を示すことができたので、現在はかなり落ちついてきている。

　中間報告書で示したことは、対策のスタートとして、まず地下水バイパス（上流側の井戸）を掘って水を汲み上げたり、サブドレン（原子炉建屋の周辺にある既設の井戸：原子炉稼働中は地下水位を下げるために利用していた）を利用したり、新たな井戸を掘って、そこから水を取り出すこと（**図-1：緊急対策①から③参照**）。加えて、いろいろ話題になっている凍土壁、すなわち氷の壁を周辺部に施工し、また海に近いところにはグラウト壁を施工して水の流れを止める。さらに一番外側（岸壁）に鋼管杭で壁をつくって汚染水が湾内に出ていくのをストップするという多重的な防止策、合わせ技を採用しようというものであった（**図-1：抜本対策①から③参照**）。状況の変遷については後述するが、このようにして敷地内周辺の所々から水を抜き出して、汚染水を減らし外に漏れないようにするというのが骨子であった。

　実はこの汚染水処理対策委員会が出来たときに、委員のメンバーだけでこれだけ多くの課題を議論するにはとても足りないことがすぐに分かった。メンバーの多くは資源エネルギー庁の指名で各分野から集められていたが、いま緊急に必要な分野に全く人が足らないという話になった。急遽、ピンポイントの専門分野を検討するために特別組織

の創設を企画し、国土交通省や産業技術総合研究所の地質、表流水や地下水が専門の人たちに入ってもらい、そこで検討しようということになり、できたのが地下水挙動把握サブグループとリスク評価サブグループである。この二つのサブグループで、短時間で現場の状況を的確に評価して、リスク項目の抽出も含めてリスクをどのように低減していくか考えて対策案をつくろうということになった。ようやく課題を取り上げて、リスク低減の将来像をつくって、最終的には安全性を確保しようという方向ができあがった。後に、汚染水の多段処理後に残るトリチウム水の処置を検討する専門家集団のサブグループも発足した（**図-2** 参照）。

　中間報告書をまとめたときのコンセプトの中心は、福島第一原発での「リスク」をどのように考えて低減させるのがいいかということであった。ここでは放射性物質によるリスクが一番大きな課題なので、それを基本に、関連する影響度と事象の起こりやすさ、この 2 つの掛け算をリスクと捉えようということになった。それにほぼ相当するのがハザードポテンシャルと汚染水の閉じ込め機能喪失確率である。懸命に汚染水を止めようしても漏れる可能性は常にある。**図-3** は、座標軸の中で、右上向に行くほどリスクが高く、この位置を原点に向かって下げていくとリスクが小さくなるという概念を示している。

　汚染水対策の出発点は、汚染水の増大を食い止めることである。原子炉建屋の中には一日当たり約 400 トンの地下水が入ってきている上に、破損した原子炉を冷やすために上から水（汚染水を浄化した循環水）をかけているので、建屋には水が溜まっていく。建屋内から汚染水を外にあふれさせるわけにいかないので、それを汲み上げて貯水タンクに貯めることになるが、その貯蔵用のタンクが必要とされるスピードが非常に速く、タンクの用意がすぐにはできないということで、初期にはボルト締め（フランジ型）のタンクを使ったのだが、そのボルト締めの部分から漏水をして大きな社会問題になってしまった。それに加えて、爆発直後の混乱もあり、放射性物質降下物（フォールアウト）と周辺に漏れた汚染水が放置され、土壌を汚染し

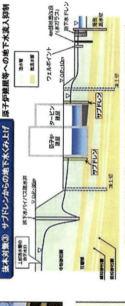

汚染水増加抑制・港湾流出の防止

抜本対策②　陸側遮水壁（凍土方式）の設置

- 凍土を凍土壁で囲み、速度を試験で実施
- 2013年8月から現場にて試験を実施、速屋の造成に向けた凍結開始を目指す
- 2013年8月から現場にて試験を実施、2014年6月本格施工に着手
- 2014年度中に遮水壁の造成に向けた凍結開始を目指す

抜本対策③　サブドレンからの地下水くみ上げ　原子炉建屋への地下水流入抑制

建屋近傍に設置された井戸（サブドレン）を復旧させて、建屋周辺の地下水をくみ上げることにより、建屋内への地下水流入を抑制

緊急対策①　トレンチ内汚染水除去

緊急対策②　地下水くみ上げ・海側遮水壁

抜本対策①　海側遮水壁　**抜本対策②　陸側遮水壁**　**抜本対策③　サブドレン**

海洋流出の防止

抜本対策①　海側遮水壁の建設

- 1〜4号機海側に遮水壁を設置し、汚染された地下水の海洋流出を防ぐ
- 遮水壁を構成する鋼管矢板の打設は一部を除き完了
- 2014年10月からの運用開始を目指す

図-1　福島第一原発の汚染水対策 1)

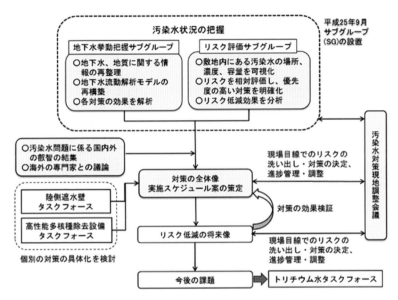

図-2　汚染水処理対策委員会での検討の流れ[1]

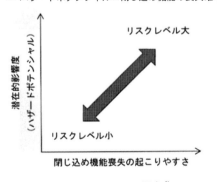

図-3　リスクレベルの概念[2]

152

ていることがわかってきた。

　そうした状況に対応した対策を進めるために「汚染水問題に関する基本方針」が原子力災害対策本部で決定され、「従来のような逐次的な事後対応でなく、想定されるリスクを広く洗い出し、予防的かつ重層的に根本的対策を講じる」という方針が決まったのが平成25（2013）年の半ばである。これを受けて、その年末に一定の方針を含む報告書を出してほしいという要請が委員会にきて、まとめたのが中間報告書[1] である。

　依頼を受けてから報告書を出すまでは全くの綱渡りで、多くの会議を行い、どういう形の施策、対策をとればいいかという議論を続けた。そして年末の12月に出したのが、「汚染水を取り除く」、「汚染源に水を近づけない」、「汚染水を漏らさない」という三つの原則に従って作られた案に基づいて作業をやりましょうという指針であった。

2．リスクマップの提案

　汚染水処理対策委員会による中間報告の中の一つの成果は、独自に考案したリスクマップの提案であった。それは汚染水、汚染源などいろいろなことを考慮した上で、いま問題になっている事象がどういう位置に来ているかというのを図上に落して評価する作業である。プロットしてみると大体こんなものになるだろうと予想がつき、全体像の中での個々の事象の位置付けがわかる（図-4 参照）。そうなると、これを原点の方向に持ってくるためにはどんな方策をとればいいかというのが議論の対象になり、何らかの解決策を見いだすことができる。

　福島第一原発の周辺の状況を図-5 に示す。一番海側の陸は海抜 4mであり、そこから上がった約 10m レベルに原子炉建屋があり、それからぐっと上がって、30m 以上のところに今のタンク群など関連施設が多数並んでいるのが現状である。廃炉が決まった 5 号、6 号原子炉建屋は海抜 13m のところにある。このような高低差のなかで地下水

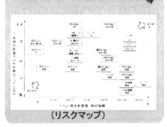

図-4 リスクレベルの概念 [2]

図-5 福島第一原子力発電所の鳥瞰図 [3]

は山側（内陸側）から海側に流れている。

　1号機原子炉建屋位置の地質構造を**図-6**に示すが、もちろん原子炉は、第四紀の地盤より古いものの上でないと建てることはできない。したがって、この原子炉建屋の基礎は軟岩で、少し深くなると層状の岩盤という地層の上に建っている。海抜30m盤の一番上のところに段丘堆積層があり、ここを削って敷地が造成されているが、その下に中粒砂岩層といわれる透水性の岩盤がある。さらにその下に泥質部があって、これが不透水層（薄い黄色）を成している。互層部（グリーンの層）、その下に細粒砂岩層があり、ずっと深くなるともっと固い砂岩、互層、泥質岩層と連なっている。

　問題になっているのは、地表の汚染水がこれらの層の中に入り込んで、海側に広がっているのではないかという懸念である。地質状態や水の流れをいろいろ調べてみると、敷地内の地下水の供給源は大半が雨だということがわかった。降った雨水が地中に染み込み流れてきて建屋の中に入っているということで、当初懸念されていた内陸の山系から流れてきた水が汚染水となって広がっているという事態は否定された。

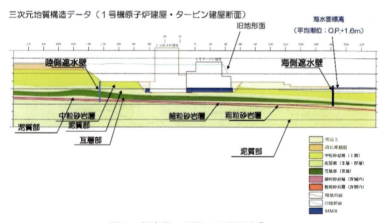

図-6　福島第一原発の地層層序 [2]

　つまり、降った雨が地中に浸み込み、上流から下流側に水は流れ、爆発時の壊れた建物壁を通って原子炉建屋に入って汚染水となるのである。それを汲み上げて浄化後、一部は冷却水として循環しながら使い、残りをタンクに貯めている。当初マスコミは、地下水が原子炉建屋に入ってそのまま通過して海に流れ出ている状況だと報道していたのだが、事故後早期に建屋内の水位を外の地下水位より下げる処置をしていたので、水は常に建屋の方向に流れる状況を保っていた。この水位状況では、地下水は、山側から建屋の中に入るのと、海側から建屋の方に入るのと、すなわち両方向から建屋内に入るので、建屋外への垂れ流しはない。しかし、「地下水は（ポテンシャルの）高い方から低い方に流れるのです」とマスコミ関係者に説明しても、なかなか理解されず、しばらくは、「建屋から漏れている」という報道が続くという状況であった。

　もちろん、建屋からの汚染水の流出を防ぐために、この水位差を常に保っておくことが非常に重要なポイントになっている。廃止措置に向けて、建屋の水位を下げて作業環境を改善するためには、この状態を今後どういう形に変化させていくか注意深く検討する必要がある。

　地下水環境も変化していて、現在は上流側の海抜 30m 盤のいくつかの地点で地下水バイパスという井戸を掘り、水をどんどん汲み上げているので、建屋への流入量は減少している。この水は、汚染の程度をチェックして問題がなければ海に放出されている。

3．汚染水の制御と次なるリスク

　これからやろうとしているのがサブドレンを使っての地下水の汲み上げである（図-7 参照。平成 27 年秋からサブドレンは稼働している）。また、話題の凍土壁は原子炉建屋の周りを囲う形になる（図-1 参照）。さらに、爆発当時に周辺が汚染された結果、建屋と海の岸壁との間に汚染物質が落ちたところに存在している水や、地中のトレンチや配管からの汚染水の漏洩が心配されている。この場所近辺からの

■建屋地下およびタンク等に貯留している汚染水のリスクを低減するため、3つの基本方針（汚染源を取り除く、汚染源に水を近づけない、汚染水を漏らさない）に基づき対策を進めている。

「汚染源を取り除く対策」
・タンクに貯留するRO濃縮水の処理を実施（2015/5/27完了、タンク底部の残水を除く）
・トレンチ内の汚染水除去を継続実施中。

「汚染源に水を近づけない対策」
・地下水バイパスによる地下水汲み上げを継続実施中。
・雨水の土壌浸透を押さえる敷地舗装を施工中。
・今後、許認可および関係者のご理解を得たうえで、建屋近傍の井戸（サブドレン）での地下水くみ上げ、凍土方式の陸側遮水壁の設置を実施する予定。

「汚染水を漏らさない対策」
・水ガラスによる地盤改良を実施済み。
・溶接型タンクの増設を継続実施中。
・今後、海側遮水壁を閉合し地下水をせき止めると同時に、地下水を汲み上げ浄化していく計画。

図-7　福島第一原発の汚染水対策[2]

　汚染水が海側に流れ出ている（海側遮水壁が完成していない時点の話）ので、今後どのように浄化していくかが大きな課題である。

　グラウトによる地盤改良工法を用いて壁をつくり、この水が外に流れないようにするという処置はとってあるのだが、壁で水を止めてしまうと、流れてくる水は行き場を失いオーバーフローしてしまう。しかも一番外側に岸壁に沿って海側遮水壁が鋼管杭でつくられている（平成27年11月に閉鎖完了）。当初の担当者はオーバーフローが起こるとは思わなかったということで、問題が起きてしまった。地盤工学の専門家にとって当たり前の常識が通用しない事態が、当時は発生していたのである。

　現在、原子炉への注水は継続的に行われている。この地下水位をある程度の位置に保つと、原子炉建屋内に入ってくる水の量は1日約300トンである。当初は1日400トンだったが、バイパス井戸を掘って水を汲み出すことによって、1日100トン程度は減少している。

　地盤工学的考察をしてみる。4基の原子炉があり、1基の幅が約

200m、全体で水平距離は約 800m になる。概算で 1,000m とすると、1,000m の幅を流れる水の量は、1m 当たりで考えると 1 日 400 トン、300 トンといってもわずかな流量である。透水係数を考えると驚く数字ではなく、対応可能な地盤といえる。地下水の流れの速さはゆっくりで、定常的に建屋の中に入ってきており、決して洪水のような勢いではないことがわかる。しかし 1 カ所に集めると全体の量は大きくなり、また貯蔵するとなると準備するタンクの容量が問題となる。

　地下水がどのように建物の壁を通して中に入っているか、今はまだよくわかっていない。爆発時にこの建物に亀裂が入り、そうした隙間からの流入も考えられる。一番影響が大きいと思われているのは、建物と建物をつなぐ配管用パイプがたくさんあり、そのパイプを通すための孔である。パイプより孔が少し大きいので、その隙間を通って水が建屋内に入っているのではないかと推測されている。ただ、放射能レベルが高く、近づいて止水作業ができないのと水の浸入場所の特定ができていないため、現時点で対策が難しい。

　外の地下水位は、常に建屋内水位より上のレベルを保っているのだが、現在作業中のサブドレンという周囲の井戸の水を汲み上げると、地下水位が下がってくる（サブドレンの水汲み上げと海への放出については地元合意が必要である）。かつ、現在構築中の凍土壁が完成す

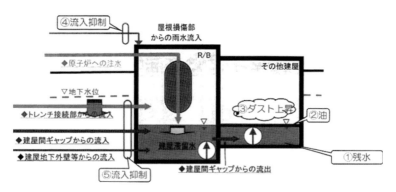

図-8　原子炉建屋滞留水処理における課題[3]

ると、この水位がさらに下がることになる。外の水位が下がりすぎて水位差が逆転すると、建屋内の汚染された滞留水が外に出てしまうので、そのバランスをしっかり保たなければならない。そうなると地下水をうまく制御するという、地盤工学における地下水制御工学の出番である。

少なくとも1日300トンの水が建物に外から入り、内側には冷却水が注がれているので、建屋内には700トンの水が滞留していることになる。このうち400トンは浄化した後で循環させ、原子炉に注水しているので、建屋内水位を適正に保つためには正味300トンの汚染水をタンクに移送して貯留しなければならない。

想定リスクは、タンクに溜めた水が漏れることである。現在、タンクには総量40万トンを超える大量の汚染水を貯めているが、まず汚染の濃度を下げることが大きな課題であった。その後いろいろな処理を行って浄化が進み、トリチウムだけが残った水が貯蔵されつつある。トリチウムは、実は自然の海水の中にたくさん含まれているのだが、そのトリチウムを選択して除去する方法は、非常に困難な課題といわれている。世界的にはあるレベル以下のトリチウムは海に放出してもよいとして規制値が決まっている。すなわち、基準値を下回ることを満たせばそのまま海に流しても法律的には問題ない。しかし、社会的には問題がある。工学的な問題というよりは社会的な問題として議論の的になっている。地元の人たちは、汚染水を流すこと自体を問題視して反対しているので、これからどのようにリスクコミュニケーションを緊密にとりながら、解決策を探るかが課題になるであろう。

現在は建屋内水位を下げようとして努力しているが、ずっと下げていって、どこかの床が露出すると実は別の問題が発生する。床の一番深いところで水を汲み上げて滞留水がなくなってくると、今度は床が乾いて溜まっていたダストが空気中に舞い上がり、非常に高い汚染リスクが発生する。現在は人が室内に入れないので、ロボットを入れて除染作業をしているのだが、ロボットも長時間滞在すると放射線でアウトになってしまう。強い放射能のもとでは、半導体とかがやられて

しまって、全く対応できないということになる。柔軟な対応ができる人間が入れないことから、ロボットによって迅速に複雑な作業をせざるを得ないが、課題が多く残されている。

また、廃炉措置を適切に進めていくには、あらゆる所の状況を把握するための計測が非常に重要になってくる。そこでいろいろなリスクを勘案し工夫しながら、部屋の中に計測機器を投入し、どのような放射線量の分布になっているのか調べようとしているが、そう簡単なことではない。というのは、部屋中にたくさんの複雑な配管路が配置されているので、ロボットも簡単には動けない。ある面では低い放射線量、その反対側に回ると非常に高い放射線量とか、そういうところが少しずつわかってきているので、この建物内の放射線量の分布をつくろうということで、懸命にロボット等を使って計測をしているという状況である。

先述のリスクマップについてであるが、いろいろな項目を見てみると、それらが平成 25 (2013) 年 12 月から 26 (2014) 年 11 月までの 1 年の経過で**図-9** に示すように変わってきたことがわかる。すなわち

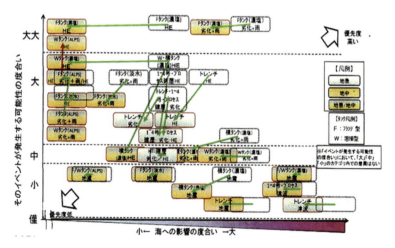

図-9　汚染水イベント発生リスクマップの変遷（H25.12→H26.11）[3]

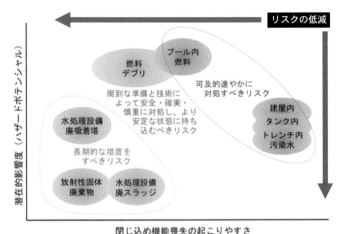

図-10　福島第一原発のリスクイメージ[2]

　最近の調査によると、これら項目が左側（リスクの低いほう）に移ってきて、かなり安定な状況になっている。状況が安定してくるとマスコミ報道もほとんどされなくなった。

　リスクの観点から全体的に見て、いま何が問題かというと、プール内の使用済み燃料対策である。これは地盤とは直接関係ないが、施設の安全リスクを考えると、プール内に入っている燃料（1 号機から 3 号機の燃料）は、取り出して安全な場所に移す必要がある。4 号機の燃料は 2014 年に取り出しが終わっていて、現在は閉炉状態になっている。1 号機から 3 号機も、建物の外側を全部きれいにしてクレーン等が入れるようにし、燃料を 1 本ずつ取り出して、安全な所に持ってくるというのが、廃炉シナリオで非常に大きな課題になっている。

　というのは、使用済み燃料の含有放射線量は、発電所全体の中でも特に大きく、これを何とかしたいと皆が望んでいるのである。トレンチの汚染水対策は平成 27（2015）年秋に完了したとはいえ、先述の建屋内の汚染水は、非常に濃度が高い状態で入っているので、早急に対応しなければいけない。

　まだ全く手つかずになっているのが燃料デブリ（燃料棒などが溶けたもの）である。1 号から 3 号機の中では、原子炉で燃料が溶けて下に落ちているので、どこに燃料があるかよくわからないということで調べている最中である。この作業はいろいろあるが、現在東京大学のグループがやっていることは、宇宙線ミューオンを使って三次元的に写真を撮り（レントゲン検査のようなもの）、どこに燃料デブリがあるか調べ、それを見つけた上で取り出し方法を提案するというものである。

　もう一つ、今後の課題として残るものが放射能レベルの低い放射性廃棄物で、水処理に伴う廃棄物とか、除染に伴う廃棄物が今後大量に出てくる。その廃棄物をどのように、かつどこに処理・処分するかというのも議論の対象になる。今は取り出しに力を注いでいるが、これからはどこの場所にどのように地上に施設を設置していくか、あるいは地下に処分するのかというのは、地盤工学的にも大きな問題として捉えられるだろう。

4．リスク評価の見直しとリスク低減に向けたロードマップ

　最近では、初期の段階に比べて全体のリスクが低減するなか、ちょっとした汚染水漏れとか、少しの排水ミスとかが大々的にマスコミに取り上げられるようになってきた。そこで、再度リスク全体を評価し直すということで、現在いろいろな形で検討が行われている。

　2015 年 2 月にはリスクの総点検が行われ、リスクの分類を再検討し、全体のリスクのロードマップを図面の上に落としている（**図-11**参照）。「放射性物質によるリスクの低減に向けたロードマップ」（**図-12 参照**）としてまとめられており、汚染水、プール内燃料、デブリという具合に細分化し、それぞれの項目のリスク対策をやっていこうということになっている。さらに時間軸を考慮しつつ、時間とリスクレベルの低減の方向性を検討することになっている（**図-13 参照**）。

　原子炉建屋の 1〜4 号機の中にある汚染滞留水の水位レベルは一定

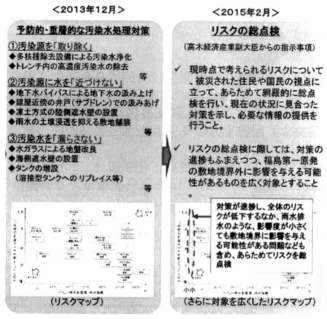

図-11　リスクの総点検 [3]

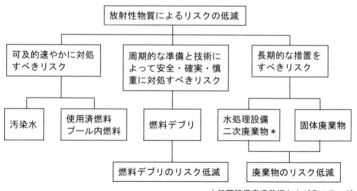

＊水処理設備廃吸着塔および廃スラッジ

図-12　放射性物質によるリスクの低減に向けたロードマップ [2]

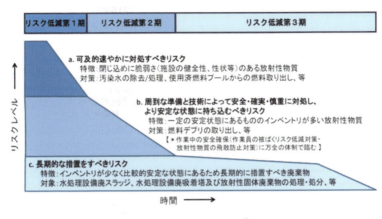

図-13 リスク低減戦略 [2]

ではなく、部屋の床の水が連なっているところと連なってないところ、これらの関係もはっきりしていない状況である。水位計を高放射線下で苦労して設置し水位を測ることで少しずつわかってきているが、建物や部屋間の水の動き具合がまだ十分わかっていないので、今後さらに適切な対応を考えるとともに、水を抜いてドライにした状態で次の燃料デブリの取り出しに移るというのが現在のプランである。

　最後に、想定できないことが起こることこそ本当の危機なので、常々よく考えておくことが大切である。これは近年大きな地震を二つも経験した上での教訓である。

阪神・淡路大震災および東日本大震災に学ぶ

★想定できないことが起こることが危機である。

★想定外の事態が起こったときに、適切に対応できるフレキシブルな仕組みを作っておくことが重要である。

★備えられることは平時から備えておくことが大切である。

★実行可能な最低限の規則を決めておき、全員で常に確認をすることが必要である。

参考文献

1) 資源エネルギー庁 福島第一原発汚染水処理対策委員会：東京電力(株)福島第一原子力発電所における予防的・重層的な汚染水処理対策 〜総合的リスクマネジメントの徹底を通じて〜、平成 25 年 12 月 10 日

2) 東京電力(株)福島第一原子力発電所の廃炉のための技術戦略プラン 2015、原子力損害賠償・廃炉等支援機構、2015 年 4 月 30 日

3) 資源エネルギー庁 福島第一原発汚染水処理対策委員会：委員会提出資料、2015

4) 科学雑誌 Newton、2014 年 4 月号、ニュートンプレス

§9　自然災害安全性指標(GNS)の開発の試み

日下部 治

1．はじめに

GNS の構想と開発時の背景

　2011 年 3 月 11 日東日本大震災が発生した。当時、地盤工学会会長を務めていた筆者は、次々と明らかになる液状化、盛土斜面崩壊を主とした宅地被害などの甚大な被災状況を前に「これは長期戦になる。学会会員総力を挙げて対応しなければならない。そのためには、震災対応の理念が不可欠である。」と自らに言い聞かせた。そして示した理念が、「自然からの厳しい試練に対して、被災実態の正確な把握を行い、従来の地盤災害に関する学術・社会システムの検証をしつつ、飛躍的な学術の進展と社会システムの改善を通じて人類の知恵とする」というものであった。ここで述べる自然災害安全性指標 (Gross National Safety for natural disasters、略称 GNS) は、上記の社会システムの改善の一助として、地盤品質判定士の資格制度[1] とともに発想されたものである。

　東日本大震災を契機に、日本の国土の脆弱性が再認識されると同時に国民の防災・減災意識の向上が叫ばれ、国土強靱化法案等の法整備の必要性の議論が開始された。そもそも国土全体の防災・減災の整備およびその投資は、国民・住民の合意形成のもとで実施されるものであり、それには長期的な計画と巨額な公的資金が必要となる。各地方自治体では、現在までに独自に自然災害種別にハザードマップ等を整備する努力が行われてきているが、国土計画・地域計画の策定や、防災投資規模・優先順位に関する意思決定を支援する科学的根拠をもつ

指標は存在していない。このような現状を見て、筆者は、「どうして
も、自然災害に対する国土の安全性・脆弱性の定量的な評価指標が必
要である」との思いを強くした。この思いは、先進諸外国との比較
で、GDP 比でみた公共投資額のわが国の相対的大きさのみが批判の
対象となっていた政策議論の非科学性に対する不信感の裏返しでもあ
る。日本国民が住む美しい国土は、自然災害に対して脆弱な国土でも
ある。

開発グループの形成と共感の環

　東日本大震災以降、GNS の構想をさまざまな人に伝えたが、なか
なか理解されない。幸い地盤工学会関東支部の「地盤工学におけるリ
スクマネジメントに関する事例研究委員会（委員長：筆者）」[2]を引
き継いだ「地盤リスクと法・訴訟等の社会システムに関する研究委員
会（委員長：稲垣秀輝）」がその活動の一部として組み入れてくれ、
開発グループを形成することができた。開発メンバーは、筆者に加え
て以下の 6 名である。菊本統（横浜国立大学）、下野勘智（横浜国立
大学）、伊藤和也（東京都市大学）、稲垣秀輝（環境地質）、大里重人
（土質リサーチ）、渡邊康司（大林組）（敬称略）。その中で、横浜国
立大学菊本研究室の学部 4 年生下野勘智君の貢献は特筆に価する。

　時前後して The Japan Times 誌が 2012 年 3 月 11 日の大震災 1 周年
特集号で GNS の構想を記事として取り上げてくれた。Roger Pulvers
氏による記事のタイトルは「Japan's disasters must prompt a radical
rethink of citizen's quality of life」とされ、GNS のコンセプトについて
適切に解説を加えた後、以下のように記述された。

　　Here's my point: The aftermath of the triple calamity in Tohoku has
shown that Japan's government and industry has been neglecting the
safety and the integrity of the people and the land. A paradigm of growth
for the 21st century must take into account the kind of scientific methods
advocated by Kusakabe.

　　The creation of investment security and the husbanding of the land can bring about a merger of the three Gs: GDP, GNS and GNH. Any country or region striving for this would be a magnet for investment and a beacon of hope for the world.

　この記事は Web 配信され、海外の旧友からも共感を得ることができた。この効果もあってか2回目の申請で科学研究費補助金の獲得[3]につながり、開発活動を資金面で後押ししてくれた。

2．GNS コンセプトの形成

国際整合性に向けて

　開発グループは、当初から開発しようとする指標の国際整合性に強い関心を持っていた。それは日本だけでしか役立たない指標であってはならないとの思いからである。国際社会では、自然災害の減災は、国連が2015年を目標達成とした Millennium Development Goals（ミレニアム開発目標）と密接に関わっているとの認識がある。特に開発目標の No.1：Eradicate Extreme Poverty and Hunger と No.7：Ensure Environmental Sustainability との関連が強調される。その大枠のコンセプトを基に、開発グループが着目したのは 2005 年の The World Conference on Disaster Reduction in Kobe で採択された Hyogo Framework for Action 2005-2015[4] である。その中で、減災研究・政策には自然科学・工学的対応のみではなく、社会経済的側面を含めた総合的なアプローチが必要と記され、主要活動の一つとしているのが Disaster Risk（災害リスク）と Vulnerability（脆弱性）の指標化である。その意味で GNS の開発そのものが、極めて国際整合性を持つものあるといえよう。

　では、具体的な安全性・脆弱性の定式化をどのように定めるか？この観点からも開発グループは、国際整合性に重点を置いた。近年、自然災害の多発、地球環境の変化から、自然災害に対する脆弱性の定量化の試み・提案が世界で行われている。定量的な指標化による可視化によって対象地域における被災の程度と減災課題を明確にして、政

策決定者に対する減災のモチベーションを高めて、減災対策の実行へ
の意思決定を期待するものである。

　指標化の活動中心は、防災の国際的な科学者・研究者等で構成され
る The United Nation University, the Institute for Environment and
Human Security（UNU-EHS）で、その最初の成果が文献 5, 6）であ
り、本著書は当該分野における State of the Art Report として重要であ
る。本著書に登載されている諸論文から、以下のように多様な指標が
提案されていることが理解される。

Coping Capacity Index, Disaster Risk Index, Integrated Risk Index, Local
Disaster Index, Prevalent Vulnerability Index, Risk Management Index,
Social Vulnerability Index, World Risk Index. 　これら多くの指標体系が
共通して採用している定式化が、階層化され重み付けされた要素の線
形和である。

World Risk Index に学ぶ

　上記の指標の中で、開発グループが国際整合性として特に着目した
のは World Risk Index（略称 WRI）[7] である。これは国連大学が主導
し、Alliance Development Works が毎年発行している「World Risk
Report」で公表されているリスク指標である。WRI は、自然科学的側
面として Hazard Exposure、社会科学的側面としての脆弱性の要素と
して Susceptibility, Coping Capacity, Adaptive Capacity の４つの要素か
ら構成されている。より具体的には WRI の算定方法は、災害の程度
や頻度を表す暴露量指数（Exposure）と災害に対する脆弱性指標
（Vulnerability）を掛け合わせる方式であり、暴露量指数や脆弱性指
数自身も点数化したいくつかの統計データと重み係数の積和で与えら
れている。

　WRI は、さまざまな要素の相互作用として災害リスクの定量化を
試み、より効果的な防災・減殺対策のために早急に対処すべき地域、
対処すべき要素を明らかにすることを第一目的としていることから、
開発グループは、GNS の指標化の意図に近い指標として参照しつ

つ、それに独自の体系をも付加して、開発を進めている。

採用する統計データ

　WRI は、フリーアクセスが可能なデータを活用して算出している一方で、世界の多くの国での統計データが存在しないか、あるいは入手できない指標要素は WRI の計算から除外する現実的な手法がとられている。これは全世界各国のリスク指標を定量化するとの目的をもつ WRI では、途上国の統計データが質・量ともに十分ではないこと、地域によって考慮すべき自然災害の種類や性質が大きく異なることが理由であろう。例えば、World Risk Report では住宅事情や災害への備え、早期警報、ソーシャルネットワーク、災害への戦略といったインデックスを WRI に反映させる必要性を指摘しているものの、各国のデータの乏しさやデータ取得の困難さを理由に実際のリスク評価には含まれていない。

　開発グループが目標としている GNS は日本国内の県単位、市町村単位の指標化である。採用する統計データとしては、都道府県あるいは市町村単位に統一的な枠組みで収集され、更新頻度が 1 年程度で、統計データの信頼性が高く、都道府県間の相互比較が可能であることおよび経年的変動を把握できるように継続的に更新されるデータであることに留意しながらデータ群を選定した。

　データ群には、百分率に代表される正規化されたデータ群と、次元を有するデータ群が並存する。これらを同一の体系で取り扱うために、0〜1 の範囲に収まるように何らかの正規化操作が必要となる。WRI においても、それぞれのデータ群の特質の適した個別の正規化操作が行われており、GNS においても個別の正規化操作を用いている[8]。

3．GNS 指標の算定方法と結果

2015 年度版 GNS の算定方法

　詳細は、現在投稿中の論文 [9, 10] を参照していただくとして、ここでは GNS の算定方法の概要 [11] を説明する。2015 年度版 GNS のリスク算定式を、**図-1** に示す。一般的な自然災害リスクの算定式では、自然災害 R は、災害に暴露されている人口の割合 E、社会が持つ脆弱性 V、ナチュラルハザードという自然現象が起こる危険確率を意味するハザード H、災害に対する強靭度（レジリエンス）Re とすると、次式で示す関数形式で算出することが多い。

$$R = f(H, E, V, Re) \tag{1}$$

　ここで、$H \times E$ が広義の暴露量となり、人口分布や地形・地質によって定まる $V \times Re$ が社会と自然災害の関係を表す値として表現される。2015 年度版 GNS においては、レジリエンスは脆弱性に組み込

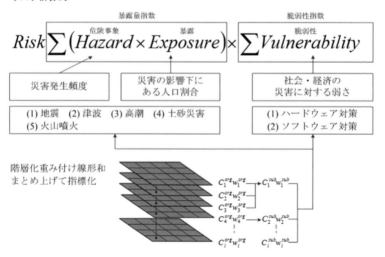

図-1　GNS リスク算定式

まれた形式 $V=V(V, Re)$ としている。したがって式(1)は、下記の通りとなり、2015年度の GNS の自然災害リスクの算定式としている。

$$R=f(H, E, V) \tag{2}$$

式(2)の最も単純な形式である式(3)

$$R=H \times E \times V \tag{3}$$

の特徴として H, E, V のどれが1つの項がゼロになればリスクはゼロになる。つまり災害を引き起こす物理現象が発生しない場合（$H=0$）や、無人島のように物理現象が発生した場所に人が住んでいない場合（$E=0$）、自然現象に対して十分強い社会を実現しえる場合（$V \geqq 0$）のどれかに該当すれば、リスクがゼロにあることを表現している。

2015年度版 GNS の開発にあたり、防災・減災投資への政策決定者が参照しやすい形式を意図しながら、下記の点に留意して開発した。

① 継続的に更新できるように定期的に更新されるフリーアクセスデータを使用する。

② 都道府県間の比較が可能なように、都道府県スケールにあわせたデータを使用する。

③ 自然災害対策として改善すべきである項目を中心に導入する。

④ ハザード、暴露、脆弱性は、それぞれ階層化され重みつけされた指標の線形和として計算する。

GNS も WRI と同様に3層からなる階層化体系を用いている。第二階層に当たる分類指標（Wctg）の下の第一階層には副指標と呼ばれる指標群（Wsub）が存在している。副指標自身もまたフリーアクセスで入手可能なデータ群から構成されており、データ群は、階層化された構造の最深部に位置する。

2015年度版 GNS の枠組み

GNS におけるリスクは、脆弱性指数と暴露量指数の掛けあわせで表現し、脆弱性指数は、都道府県間の比較が可能な形で、ハードウエア対策とソフトウエア対策という分類方法を採用した。**表-1** に脆弱

性指標に関する分類指標と副指標およびデータ群を示す。

　脆弱性指標は、ハードウエア対策指標とソフトウエア対策指標に均等な重み係数 $w_i=0.5$ を乗じて加算して求めている。ここでハードウエア対策は、建造物の耐震化や老朽化した社会基盤の更新による物理的な要因をもって自然災害対策を行う方法を指している。**表-1** に示すようにハードウエア対策の分類指標は、(a) 住宅・公共施設、(b) ライフライン、(c) インフラストラクチャー、(d) 情報・通信、の 4 つを選定した。ハード対策指標を算出過程は、まず 14 の統計データから、一つ階層が上の副指標を算出し、さらに各分類指標内での副指標に全て均等な重み係数を乗じて 4 つの分類指標の数値を算出する。その上で、得られた 4 つの分類指標の値に均等な重み係数 $w_i=0.25$ を乗じて、ハード対策指標を求める。ここで、データ群の正規化操作として $\exp(-x_i/x_m)$ なる指数関数を用いた。x_i は各都道府県のデータ、x_m は全都道府県の平均値である。

表-1　脆弱性指数に関する分類指標、副指標およびデータ群

		分類指標	副指標（データ）
脆弱性	ハード	住宅・公共施設	耐震化率（戸建て・公共）／木造割合／腐朽・破損
		ライフライン	上下水道耐震化率（管路・浄水施設・配水池）／40 年超過管率
		インフラ	道路指標／橋梁修繕率
		情報・通信	防災無線施設整備率／J アラート整備率
	ソフト	物資・備蓄	食料備蓄（5 項目）／飲料水備蓄／毛布備蓄／スーパー指数／コンビニ指数
		医療サービス	10 万人当たり医師数／10 万人当たり病床数
		経済と人口構成	財政力指数／ジニ係数／高齢者人口指数／被保護実人員割合
		保険	地震保険加入率
		条例・自治	土砂災害警戒区域指定率／ハザードマップ公開率／自主防災組織カバー率

　ソフトウエア対策とは、災害に迅速に対応するマニュアルの整備や、日ごろから災害に備えて教育や物資の備蓄をしておく仕組みを作って、自然災害に対応する対策を指す。分類指標としては、(a) 物資・備蓄、(b) 医療サービス、(c) 経済と人口構成、(d) 保険、(e) 条例・自治、の 5 項目を採用した。ソフト対策指標の算出過程は、基本的にはハード対策指標と同様である。ここでは 22 のデータ群を採用し、上位階層の副指標を計算する。分類指標の算出に当たっては、「保険」の項目に係る重み係数のみ $w_i = 0.1$ を用い、他は $w_i = 0.225$ を採用した。以上の計算過程を、取り纏めて図示したのが**図-2** である。ソフトウエア対策のデータの正規化は、それぞれのデータの特性に対応して個別に設定しており、詳細は参考文献に譲る。

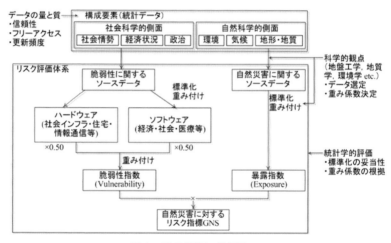

図-2　GNS 評価の枠組み

　2015 年度版 GNS では曝露量指数の算出対象として 5 つの災害類型（地震、津波、高潮、土砂災害、火山災害）を採用した。

　地震による曝露指数は、海溝型地震と直下型地震に分けて算出し、その平均値を用いた。海溝型地震については、国立研究開発法人防災

科学技術研究所の J-SHIS Map にある被災人口地図を採用し、13 の震源を用いた。J-SHIS Map では、震源を選択すると想定した地震が発生した場合に、ある強度以上の揺れに曝される人口の分布（震度曝露人口）が表示される。2015 年 GNS の算定では、上記 13 の震源の地震による震度 6 弱以上の震度曝露人口割合を海溝型地震の曝露量とみなした。直下型地震では、活断層の延長距離を当該都道府県の面積で除した活断層密度の値を後述する頻度係数と同様に用いた。

　津波、高潮、土砂災害、火山災害については、入手可能な過去のデータを用いて次式の頻度係数 F_i を算出し、当該影響地域の人口を乗じて、それぞれの曝露量を算出した。

$$F_i = 1 - \exp(-N_i/N_m)$$

　ここで、N_i は各都道府県の災害発生件数データ、N_m は全都道府県の平均値である。

　津波は、1498 年から 2006 年までの津波発生回数から津波係数を求めたものに、標高 3m 未満の人口を乗じて津波曝露量を求め、高潮は、入手可能な 701 年から 1961 年までの高波発生回数から頻度係数を求めたものに、標高 3m 未満の人口を乗じて高潮曝露量としている。土砂災害は、1 年当たりの土砂災害発生件数を土砂災害危険箇所数で除したものから頻度係数を求めて、それに曝露を掛け合わせることで土砂災害の曝露量を算出した。曝露は、土石流危険渓流と急傾斜地崩壊危険箇所等、地すべり危険箇所土砂災害危険箇所に住むそれぞれの人口の割合から算出した。火山災害は、気象庁の火山災害年表から 1600 年以降に発生した主な火山災害発生件数を都道府県ごとに集計したものから頻度係数を求め、火山地域に住む人口を乗じて火山曝露量を算出した。上記 5 類型の災害についての曝露量指標について均等な重み係数 w_i を掛けて曝露量指数を求めた。

2015 年度版 GNS の計算結果

　脆弱性指標と曝露量指標を掛け合わせたものが 2015 年度版 GNS である（図-3）。**表-2** に都道府県別の数値一覧を示した。本計算結果に

よると GNS の値は曝露量指数に強く影響を受ける傾向が見られる。仮に自然災害に対するリスクが自然災害への曝露量の大きさに左右されるとすると、曝露量を変化させる災害対策が考えられる。人口分布を変化させて自然災害が発生する場所には、人が住んでいない状態を作り上げていることも、自然災害を軽減するための選択肢の一つとなりうる。脆弱性指標にあるハード対策とソフト対策とともに、段階的に人口分布を変化させていくような政策によって、自然災害に対するリスクを軽減する可能性がある。

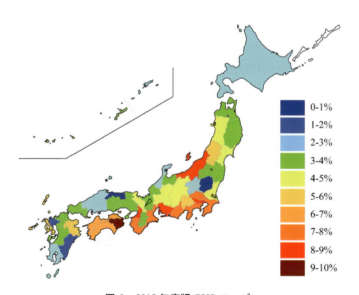

図-3　2015 年度版 GNS マップ

表-2　2015 年度版 GNS の計算結果一覧

順位		GNS [%]	曝露量 [%]	脆弱性 [%]	ハード [%]	ソフト [%]
1	徳島県	9.2	23.7	38.9	34.9	43.0
2	愛知県	8.6	21.6	39.7	37.4	42.0
3	大阪府	8.5	21.8	39.2	40.6	37.8
4	新潟県	8.4	20.4	41.4	38.2	44.6
5	東京都	8.1	21.9	37.2	34.9	39.4
6	三重県	7.9	20.0	39.6	33.6	45.7
7	千葉県	7.8	18.2	42.7	35.9	49.6
8	埼玉県	7.4	17.6	42.1	36.7	47.5
9	神奈川県	7.4	20.2	36.4	34.6	38.2
10	和歌山県	7.2	18.1	39.7	34.5	44.9
11	静岡県	7.1	17.9	39.6	35.5	43.7
12	愛媛県	6.9	17.2	39.8	35.7	43.9
13	香川県	6.7	16.6	40.2	39.5	41.0
14	高知県	6.2	15.0	41.1	37.5	44.7
15	山梨県	5.6	16.8	33.4	27.7	39.2
16	山形県	5.5	13.2	41.4	39.5	43.3
17	大分県	5.1	13.1	39.3	37.5	41.0
18	長崎県	5.0	12.0	42.0	35.0	49.0
19	岐阜県	4.8	13.0	36.6	31.0	42.3
20	宮城県	4.7	11.4	41.2	39.5	43.0
21	秋田県	4.3	10.4	41.5	36.0	47.0
22	茨城県	4.3	10.2	42.1	38.6	45.5
23	長野県	4.3	11.2	38.1	36.5	39.7
24	京都府	4.2	10.1	41.3	43.6	39.1
25	滋賀県	4.0	10.0	39.6	38.3	40.9
26	兵庫県	4.0	10.2	39.1	40.8	37.5
27	熊本県	3.9	9.7	40.5	37.8	43.1
28	富山県	3.9	10.9	35.9	33.5	38.4
29	福井県	3.8	10.7	35.9	33.7	38.0
30	福島県	3.8	8.7	44.0	40.0	48.0
31	奈良県	3.7	9.2	40.3	37.2	43.5
32	沖縄県	3.7	7.9	46.8	42.5	51.1
33	山口県	3.6	9.0	39.7	42.4	37.1
34	岡山県	3.6	8.6	41.5	40.8	42.3
35	岩手県	3.4	8.0	42.3	35.1	49.5
36	青森県	3.3	8.4	39.3	32.8	45.8
37	福岡県	3.0	7.3	41.2	41.6	40.9
38	石川県	2.9	7.6	38.1	36.9	39.3
39	鹿児島県	2.5	6.3	39.5	39.4	39.7
40	北海道	2.4	5.3	45.2	43.5	47.0
41	島根県	2.3	6.2	38.1	34.9	41.4
42	群馬県	2.1	5.3	40.1	38.1	42.2
43	広島県	2.1	5.1	41.3	40.8	41.8
44	佐賀県	1.4	3.4	41.3	38.0	44.7
45	宮崎県	1.2	3.2	39.3	34.3	44.2
46	栃木県	0.9	2.2	41.6	43.0	40.2
47	鳥取県	0.8	2.2	35.0	29.5	40.6

4．GNS の活用

　図-4 は、各都道府県の曝露量と脆弱性をプロットしたものである。神奈川県を例に取り上げると、曝露量は大きく、脆弱性は低い。その脆弱性の中身を見てみると、ソフトウエア対策、ハードウエア対策ごとに課題が浮かび上がってくる。**図-5** は、神奈川県のソフトエウエア対策・ハードウエア対策の全国平均値（破線で示す）との比較を示したものである。つまり、ハードウエア対策として道路密度が、ソフトウエア対策では医師数と病床数と自己防災組織カバー率の対策が、全国比の観点から不十分であることが読み取れる。このように、各都道府県レベルでの対策不足項目、対策重点項目が視覚化され、政策決定者への支援として GNS が活用できる。

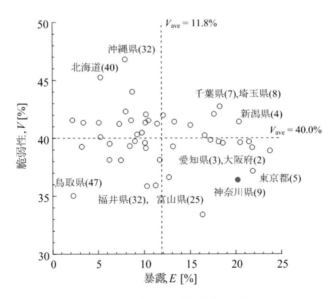

図-4　各都道府県の曝露量と脆弱性

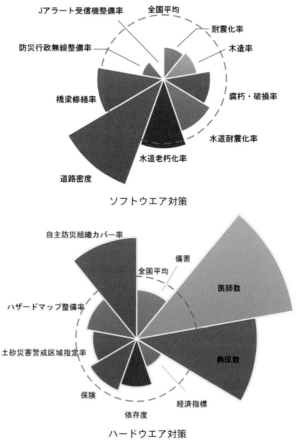

図-5　GNS の活用（神奈川県の脆弱性の項目）

5．今後の展開

　2015 年度版 GNS は、最初の試みである。開発グループも完成形であるとは考えていない。例えば、気象災害の取り込みは、必須項目であり、GNS を計算する対象として更に細分化した行政区分への展開

の可能性の検証や、今回採用した正規化操作、重み係数の感度分析なども必要であると考えている。しかし、GNS の算定が精緻になればなるほど良いとも考えてはいない。本来の目的である政策決定者への支援として最適な着地点を探してこれからも検討を継続したい。

参考文献

1) 地盤品質判定士協議会 Web サイト

2) 日下部治、伊藤和也、小梅河博之、稲垣秀輝、大里重人（2013）：地盤リスクに関する保険制度と統一的評価手法の必要性、地盤工学会誌、61-2、12-15.

3) 平成 25〜26 年度、科学研究費補助金挑戦的萌芽研究、研究成果報告書（2015）：自然災害安全性指標（GNS）の開発

4) International Strategy for Disaster Reducation（2005）：Hyogo Framework for Action 2005-2015, Building the Resilience of Nations and Communities to Disasters.

5) Jorn Birkmann ed.（2006）：Measuring Vulnerability to Natural Hazards towards Disaster Resilient Societies (1st Edition), United Nation University Press.

6) Jorn Birkmann ed.（2013）：Measuring Vulnerability to Natural Hazards towards Disaster Resilient Societies (2nd Edition), United Nation University Press.

7) 例えば、UNU-EHS (The United Nation University, the Institute for Environment and Human Security) (2011): World Risk Report 2011.

8) 下野勘智（2015）：我が国における自然災害に対するリスク指標 Gross National Safety for natural disasters（GNS）の開発、横浜国立大学理工学部建築都市・環境系学科、卒業論文

9) 伊藤和也、菊本統、下野勘智、大里重人、稲垣秀輝、日下部治（2015）：自然災害に対するリスク指標 World Risk Index のわが国における推移と考察、（投稿中）

10) 下野勘智、菊本統、伊藤和也、大里重人、稲垣秀輝、日下部治（2015）：自然災害に対する全国 47 都道府県のリスク指標の試算と考察、（投稿中）

11) 地盤工学会関東支部、地盤リスクと法訴訟等の社会システムに関する研究委員会（2015）：自然災害に対するリスク指標 GNS 2015 年度版（パンフレット）

曝露量関連情報源

Web サイト
- ・防災科学技術研究所：地震ハザードステーション J-SHIS Map
- ・気象庁：震度階級関連解説表
- ・都市圏活断層図
- ・地震調査研究推進本部
- ・地震安心マップ
- ・阿部勝正：日本付近に発生した津波の規模（1498-2006 年）
- ・気象庁：主な火山災害年表
- ・国土数値情報　土砂災害危険箇所データ

書籍及び雑誌
- ・活断層研究会編（1991）:『新編 日本の活断層―分布と資料』東京大学出版会
- ・中田高、今泉俊文編（2002）:『活断層詳細デジタルマップ』東京大学出版会
- ・荒川俊秀、石田祐一、伊藤忠士編（1961）:『日本高潮史料』気象研究所
- ・宮崎正衛（1956）:「近年日本沿岸に来襲した高潮について」海岸工学講演会講演集 Vol.3、pp.1-8、土木学会

脆弱性・感受性・対処力・順応力等関連情報源

Web サイト
- ・警視庁：広報資料 平成 23 年（2011 年）東北地方太平洋沖地震の被害状況と警察措置
- ・復興庁：平成 26 年東日本大震災における震災関連死の死者数
- ・復興庁：平成 27 年全国の避難者等の数
- ・内閣府：平成 24 年版防災白書 附属資料 14 東日本大震災における被害額の推計
- ・環境省：平成 24 年度末の汚水処理人口普及状況について
- ・厚生労働省：平成 24 年度給水人口と水道普及率について
- ・国土交通省：耐震化の進捗について
- ・総務省統計局：2013 年人口推計
- ・総務省統計局：平成 24 年度被保護者調査
- ・内閣府：平成 23 年度県民経済計算
- ・総務省統計局：平成 21 年全国消費実態調査
- ・水道技術研究センター：平成 22 年度における「地震対策 3 指標」の状況―水道統計に基づく試算結果(その 1)―

- ・水道技術研究センター：「40 年超過管率」の推移について―平成 22 年度水道統計に基づく試算結果(その 2)―
- ・総務省統計局：道路統計調査（国土交通省：都道府県別点検実施状況・計画策定状況・修繕進捗状況）
- ・消防庁：平成 25 年度版 消防白書 附属資料
- ・消防庁：地方防災行政の現状（付 平成 24 年災害年報）
- ・スーパーマーケット統計資料事務局
- ・i タウンページ
- ・総務省統計局：平成 24 年医師・歯科医師・薬剤師調査
- ・総務省：平成 24 年度都道府県財政指数表
- ・損害保険料率算出機構：「損害保険料率算出機構統計集」（平成 24 年度）第 2 部 地震保険
- ・総務省：土砂災害防止対策に関する実態把握活動〈災害時要援護者関連施設等に係る対策を中心として〉別表 表
- ・国土交通省：ハザードマップポータルサイト
- ・平成 26 年度予算概算要求において新規に要求する事業に係る行政事業レビューシート（施策名：今後の医療需要に見合った医療従事者の確保を図ること）政府評価書
- ・総務省：地方交付税

書籍
- ・総務省統計局：平成 20 年住宅・土地統計調査
- ・統計情報研究開発センター（2001）：土地形状別人口統計とその分析

§10　地盤工学におけるモニタリングの重要性

曽我健一

1. はじめに

　日本の都市の多くは高度成長期を経て、現在成熟状態に達しており、経済発展および社会福祉を維持するためには、建物、水、エネルギー、運送、通信ネットワークなどのインフラの老朽化に対して様々な対策をとることが不可欠である。そのため、インフラ資産の健全性を示す優れたデータの必要性が注目されている。しかし、昨今の少子化、高齢化といった人口構成の急激な変化、過去になかった気候変動、そして、交通手段（例えば、運転の自動化）の変化などに伴い、インフラの利用形態は、その設計時に考慮される耐用年数内（例えば、100 年設計）にも変化し続けるという事実がある。したがって、今まで蓄積されたデータを単にそのまま使うというわけにはいかず、予測を今までの経験から外挿しなければならないというのが現状である。よって、老朽化したインフラの延命または改築が求められる時代に、現在の土木技術者は不確かな将来を考慮しながら、どのようなインフラを次世代の市民に提供すべきかを真剣に議論し、リードしなければならない立場に立たされている。

　筆者の在住する英国では、産業革命以降に建造されたインフラの老朽化に対する対策、そして新規のインフラ建設を積極的に行う政策が現在取られている。英国の人口は増加しており、金融を中心とする産業構造を持ち、日本の現状と異なることから、インフラについての対策や政策に関して両国が目指すものを安易に比較することは適切ではないが、英国でのインフラの建設と維持管理の現状の概要を紹介する

184

ことで、インフラの将来像のあり方、そして、そのための土木工学者としての役割を考察してみたい。

2．インフラの利用の将来予測が難しいというリスク

　現在、ロンドン市内にある London Bridge という駅にて、**図-1** に示すように、2013 年から 5 年間という期間をかけて、駅舎部とその周辺の再開発工事を行っている。この駅はロンドンの中でも最も混雑する駅の一つで、毎日 25 万人の利用者がある。完成時にはロンドンで一番長いプラットホームを持ち、5 分ごとに電車を発着させることによって、利用者が 5 割増になるという予測に対応するように設計されている。

　ここで注目すべき点は、この駅は 1886 年に開通されてから現在に

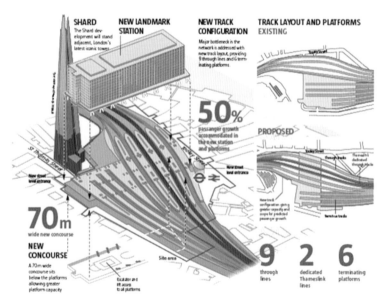

図-1　London Bridge Station の再開発プロジェクト[1]

至るまで改築を続けていることである。特に、40 年前の 1970 年代に大きな改築工事が行われている。この改築のコンセプトは‘Operation London Bridge’と呼ばれ、二つの駅を一つにし、バスや地下鉄といった他の交通網と店などの商業活動を密接にリンクさせるものであった。そのコンセプトは下記のように記録されている。

"Two old railway stations will be merged into one with a higher capacity, giving easy interchange between buses, tube and trains ? and direct access to all service from the spacious concourse with new bars, buffets and shops." [2]

これに対して、現在行っている再開発のコンセプトは下記のように前回のものとほぼ同じであり、わずか 40 年後に再び改築しなければならない状況になっている。

"The number of thorough platforms will increase and track layout will accommodate higher capacity trains. At the same time, existing bus, train and underground services will be linked with the largest concourse in the UK which will offer a variety of retail services" [3]

1970 年代は自動車の利用数が増えている時代で、鉄道利用者の増加を少なめに予測する風潮があった。ただし 1990 年代以降のロンドンの金融業界の急激な成長、そしてそれに伴う人口増で、現在のロンドンの鉄道の利用者数は 20 年前と比べると倍増している。よって、100 年間以上耐久できるように構造設計されているインフラは 40 年後には利用者のパターンの変化のため、その許容量を超えてしまい、改築しなければならない状況に陥っている。このように経済成長、産業構造の変化、気候変動によってインフラの利用の仕方が数 10 年単位で変化し続ける現状を考えると、構造物の設計は耐久年数の長期化を目指すものから、利用の変化に伴った改築が可能な設計や施工への考慮を積極的に取り入れたものへと変革する必要があると考えられる。

　言うまでもなく、ロンドンは他の都市と比べて産業革命の影響を早く受けたため、その当時建造されたインフラの老朽化は都市の発展を阻害するとして現在深刻な問題となっている。例えば、上水道埋設管の 1/3 以上が築 150 年以上、1/2 以上が築 100 年以上である。また、地下鉄のトンネルの 80％は鋳鉄できた古い構造物である。これらを維持管理するには 1 日に 3 億円の支出があるという算定もされている [4]。さらに、インフラ事業が民営化されており、例えば、鉄道は保線をする会社と運行する会社が異なったりするうえに、それらの会社が外資系であったりということもある。よって、インフラのサービスを提供する短期思考型のビジネスモデルとインフラの維持管理をする長期思考型のモデルの不整合が生じており、それに対応できるような構造物の新しい設計、施工そして維持管理の方法を考える必要がある。

　昨今、二酸化炭素排出問題に対する低炭素社会の実現は世界的な規模での大きな課題であり、インフラの建設もそれに大きく貢献しなければならないであろう。例えば、ロンドンの新しい地下鉄の Crossrail プロジェクトでは、地下構造物の壁の中にパイプを入れて冷水を流すことによって、列車のブレーキや停車で生じる熱を吸収し、ヒートポンプシステムを介して、駅舎上部の建物に暖房または温水を供給するシステムが導入されている。低炭素社会という時代の要請で、交通のインフラとエネルギーのインフラが一体化されたものであるが、このような新しい形態のインフラを維持管理するための知見は乏しく、土木工学者が将来予測を的確に行うことが重要となる。

　以上のようにインフラの将来を考えると、長期的な予測が難しい様々なリスクが存在し、このような不確かな状況でどのようにインフラを設計、施工そして管理していくシステムを構築するかを考えるのが土木工学者の課題である。特に、実際施工した構造物の真のパフォーマンスがわかっていないことが多い現状において、不確かな将来に対してどのような対処ができるかどうかを見極めるのは非常に難しい。よって、構造物の挙動データ（例えば、ひずみ、変形など）や利用状況データ（交通荷重、温度変化など）を積極的に収集すること

によって、インフラの真のパフォーマンスを把握することができれば、不確かな将来に対してよりよい判断ができる可能性もでてくると考えられる。

3．Observational Method（現場観測工法）

　古典的な（従来の）土木工学では、安全な土木構造物の設計手法の確立がメインで、大学の講義でも、いかに効率よくそして安全に構造物を設計そして施工するかを重点に教えてきた。また、耐用年数も80 年から 120 年という設定で、設計は安全側に検討されている。特に地盤工学では、自然地盤を対象とするので、設計パラメータのばらつきがあり、地盤構造物の設計施工には地域性があるにもかかわらず、ユーロコードなどの設計基準は万国共通に使えるものを目指すため、さらに安全側の設計を推奨する傾向がある。

　地盤工学の分野では、イリノイ大学の故 Peck 教授が1960 年のランキンレクチャーで Observational method（現場観測工法）というモニタリングの概念を提唱している [5]。最近、ロンドンのクロスレール地下鉄建設プロジェクトの一部である駅舎の立て坑の工事現場にて、この Observational Method を利用したので、それを例にこの方法を紹介してみる。

　Observational Method は設計と施工を密接にリンクさせることを目標とする。**図-2** に設計に使う土の強度の頻度分布を示す。Most Probable（可能性が最も高い）の強度は平均値または頻度の最も高いところで、Most Unfavourable （最も好ましくない）の強度は1/1,000の確率で決まる値である。ユーロコードでは極限状態（Ultimate Limit State）に対して安全なように、後者の強度を使って設計する。ここで着目すべき点は、構造力学が一般的に 1/20 の確率で決まる値を使うのに対して、地盤工学では地盤の不確かさが大きいゆえに、弱い強度で極限状態に対する設計を行うことになっている。コンクリートなどの人工材料は室内試験を沢山行うことで、より正確な頻度分布

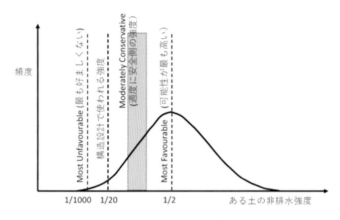

図-2　ある土の非排水強度分布

を得られることができるが、地盤材料は場所によって異なり、試験数も限られるので、真の頻度分布を得たり、頻度の低い Most Unfavourable の強度を決めたりすることが大変困難である。よって、このような頻度分布を仮想的に作り上げるのが現実的であることを認識した上で、極限状態の強度を決め、設計施工をすることになる。つまり、設計基準にみられる崩壊に関する安全率の値については、「過去の経験の蓄積」から極限状態を間接的に見積もり、決定していると言える。

　通常、極限限界による設計のほかに、機能限界状態（Serviceability Limit State）の設計を行う。例えば地盤構造物の変形が機能上問題になる場合、地盤パラメータの不確かさによって、構造物の変形のばらつきが生じる。施工の仕方の影響も大きいが、解析モデルを使うと、材料パラメータと変形の関連性が得られる。例えば、**図-3** に擁壁が変形した場合のケースを示している。ここでは、擁壁の上端の水平方向の変形が問題になると定義し、その変形の頻度分布を示している。ユーロコードでは変形の確率が 5％になる時を機能限界と決め、その変形をもたらす地盤パラメータの値が**図-2** に示すように Moderately conservative（適度である）の強度として決定され、それをベースに機能限界に関する設計をすることになる。**図-2** は強度の頻度分布であるが、変形係数の頻度分布も作ることも可能である。ただし、これらの頻度分布は、現場のモニタリングデータを逆解析したり、室内または原位置試験の結果を検討したりして、いろいろなデータを総合的に検討することによって確立していくことになる。

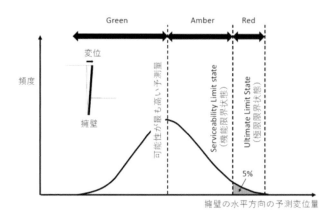

図-3　擁壁の水平方向の変位の確率分布

　図-3 の分布をベースに地盤構造物を設計そして施工することになるが、設計段階で算定された変形具合を区別することができる。例えば、Moderately conservative の強度で計算した変形を上回る場合は Red（赤）、これと Most Probable の強度で設計した場合の変形の間の個所を Amber（琥珀色）、そして変形が平均以下の場合を Green（緑）と定義している。

　図-4 に、駅舎の連壁の掘削深度の増加に伴う壁の水平変形量の変化を、Most probable のケースと Moderately conservative のケースで数値解析したケースを示す。このようなグラフを事前に作成しておけば、実際の掘削による変形データを施工中にプロットできる。ここで

は二つの掘削工事シナリオを図にプロットしてみた。一つは、緑の領域の間に入っているシナリオ1で、この場合、地盤そして施工が良好であることを示している。また、もう一方のシナリオ2は赤の領域に入っており、施工法を変えて、崩壊に至らないようにする対策が必要であることを示している。

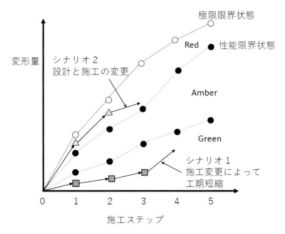

図-4　Observational Method の適用例 [6]

　前者の場合は、変形量が少ないので、施工法を変えることによって、工期を早めたり、工事費を少なくすることも考えられる。**図-5**にロンドンの新地下鉄工事の駅舎部分の掘削にこの方法を使った例を示す。**図-5(a)**のように掘削深度が大きくなっても、変形量が緑領域に進んだので、**図-5(b)**に示すように最後の横支柱を使わずに掘削工事を終えている。当然ながら、逆解析を行ってその効果を確認したうえで施工変更の安全確認を行っているが、この結果、工期を4週間早めることができ、工事費も 1.3 億円ほど節約できたという試算がされている。

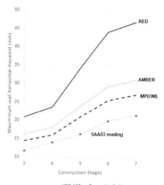

(a)　現場データ例

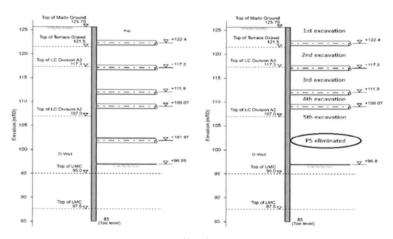

(b)　施工変更

図-5　Crossrail プロジェクトでの地下駅舎の開削工事

4．アクティブモニタリング

　前節で紹介した Observational method は、設計が適切であったか
を、モニタリングを行うことによってチェックをすることを目的とし
ている。つまり、モニタリングデータから学ぶことができ、それを設

計などにフィードバックをすることによって、将来のインフラの建設の効率化を図ることもできる。また、さらに施工後もインフラを積極的に長期モニタリングすることができれば、維持管理、改築そして延命化を効率的に行えるようなライフサイクルスパンを考慮した設計概念を構築することができるかもしれない。

土木の分野では、目視検査から測量計測など様々なモニタリングシステムが存在するが、その一方、過去の経験および慣習への依存性、そして安全性への考慮などから、新しいセンシングシステムの導入が容易でないのも事実である。これに対して、他の分野（例えば、自動車、航空宇宙、エレクトロニクス製造、石油と天然ガス）では、センシングをすることによって安全性を高めたり、ライフサイクルコストを下げたりというビジネスモデルが既に確立している。例えば、ロールスロイス社は英国の航空機エンジンを製造する会社であるが、そのビジネスモデルは Power By The Hour という「包括契約」という形をとっている。つまり、エンジンを購入した会社は飛行時間単位で費用を支払い、それを可能にするために、エンジンに沢山のセンサーを取り付け、稼働中そして整備中に常にオンラインでモニタリングさせることによって、安全性を高めるサービスを提供している。また、これらのデータを自社の次世代のエンジンの設計に役立てている。このコンセプトは 2000 年代にロールスロイスが始めたが、現在では他の産業にも導入されている。

長期的な運営になる土木インフラは非常に安全側に設計されているということと、センシングに対する意識が低いということから、そのようなビジネスモデルはまだ成立していない。また、多くのデータをどのように解釈すればよいかについての知見も少ないのが実情である。さらに、数十年といった長期間の使用に耐えうる計測技術がないという現実もある。

しかしながら、近年、Internet of Things（IoT）が脚光を浴び、センサーと通信関連の新しい技術は急速に医療、環境、セキュリティなどにおいて用いられ、日常生活の一部になってきている。センサー

分野の推定世界市場は 2 千億ポンドを超え、より高度なセンサーや
データ分析方法が開発されている。このようなイノベーションを土木
工学に積極的に活用することは、インフラ資産の真の性能を理解する
絶好の機会をもたらしてくれると考えられる。特に、長期間（インフ
ラ寿命と等しい期間）使用できる技術ができれば、ライフサイクルの
アプローチを本格的に導入することができ、土木産業を変革させる可
能性もある。

5．次世代のモニタリング技術

　インフラに埋め込まれたセンサーから得られるデータとそれを利用
するユーザーの情報から、設計・施工・運用・保守のプロセスを一括
化し、順応性の高いインフラを構築するには、下記の点を考慮したセ
ンサー技術の開発が必要であると考えられる。
　①　構造物の実際の挙動をモニタリングすることによって、設計時
　　　に使った仮定を検証することができる。
　②　センサーの正常性を現場で確認できる。
　③　過酷な環境でもデータを取得し、送信できる。
　④　長い寿命（例えば、50 年以上）をもつ。
　ここでは、アクティブモニタリングを可能にする次世代のモニタリ
ング技術のいくつかを紹介する。

光ファイバセンサー

　光ファイバ計測技術の特徴は、安価な光ファイバを使用し、数キロ
または数十キロメートル間の温度、歪み、音響ノイズを**図-6** のよう
に連続的に分布測定できることである。光がファイバを通過する際
に、その大部分は通過するが、ごく一部が散乱される。この散乱現象
はガラス媒質の屈折率の不均一性と関連し、ファイバの温度、歪み、
振動などに変化があると光ファイバ中に進行するレーザ光信号の特性
および錯乱現象が変る。散乱光の振幅や固有周波数は温度やひずみの

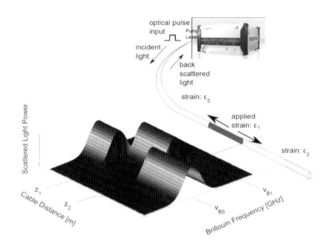

図-6　光ファイバの全長に渡ってひずみ分布を計測するシステム

変化に影響される。その錯乱光の特性を検知するファイバアナライザはデータ取得、データ処理、送信、及び記憶といった多数のタスクを行い、システムの心臓部といえる。

　ガラス製の光ファイバ材料は劣化速度が遅いので、土木構造物の中に埋め込むことによって、長期的なモニタリングを行うのに有効な計測方法であると考えられる。また、データ解析を行うアナライザの性能は将来改善される可能性が十分にあり、光ファイバの劣化がなければ、観測されるデータの精度が長期的にみて改善されるという期待もできる。

コンピュタビジョンとロボット

　最近のデジタル画像技術の進歩は既存の測量技術に迫るものがある。例えば、図-7 のように複数の画像に見られる個所を自動的に検知し、画像の撮られたカメラの場所と画像に写る物体を三次元モデルとして作り上げることができる。さらに、図-8 のように画像を張り付けることによって、年間を通して収集した画像を三次元のモデルと

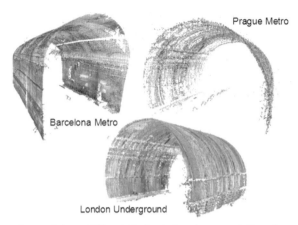

図-7 デジタル画像から作成したトンネルの三次元モデル

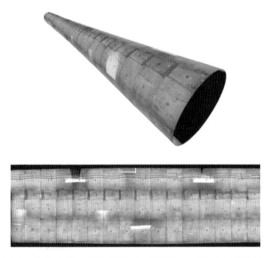

図-8 トンネルの三次元モデルに画像を張り付けたもの

リンクさせて整理でき、現場で画像データベースにアクセスすること
によって、過去の画像記録と比較検討し、目視検査の効率化を図るこ

とができる。また、デジタル画像撮影、非破壊試験や精度の高いレーザ測量を行えば、様々のデータを持った三次元モデルができ、肉眼で確認できない構造の表面または内部の損傷の有無を確認できる。さらにコンピュタビジョンシステムをロボットに取り付けることによって、目視検査の無人化を図ることも可能になる。

　デジタル設計データが存在する新規のインフラでも、完成後のものが初期の設計のものと異なることがあるので、コンピュタビジョンを使って、建設時の変更またはエラーをチェックすることができる。さらに画像とリンクした三次元モデルから部材およびその材料（コンクリート、鉄鋼、ガラス、木材など）の種類を検出することができれば、部材そして材料管理に役立つ可能性もある。この場合、画像と三次元モデルから部材の幾何学的データを抽出し、人工知能の技術（最近では Deep learning）を使って、部材や材料の判定を行う。

省エネそして無電源のワイヤレスセンサー

　無線を使用してセンサーデータを送信するワイヤレスセンサーネットワーク（WSN）（**図-9**）はケーブルの設置が必要でないため、高精度かつ低価格のセンサーと組み合わせることで、従来不可能であった大規模モニタリングを可能にする。土木インフラの挙動を監視するための WSN の利点は以下のようなものが考えられる。

①　ケーブルを設置することなく多数のセンサーを展開することができる。

②　接続が困難な場所のセンシングが可能である。

③　広範囲のデータをリアルタイムに得ることができるので、意思決定を迅速に行うことができる。

　近年の WSN の性能は飛躍的に向上しており（例えば、**図-10**）、単にデータ収集や異常信号の検知を行うだけなく、データの圧縮処理、データ解析、ネットワーク処理などをモート（子機）レベルで行うこともできる。したがって、必要なデータだけをゲートウェイ（親機）に送信することで、省エネ化を図ることも可能になってきている。

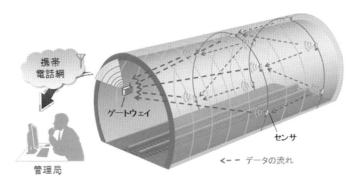

図-9 ワイヤレスセンサーネットワーク（WSN）システム

図-10 ケンブリッジ大学で開発した変位を測る WSN システム

　低電源のセンサーとしては MEMS （Micro-Electro-Mechanical Systems）というミクロンそしてミリメートルのスケールを持つ小型のセンサーシステムがあげられる。機械的なセンシングそして電気的なデータ処理を組み合わせた小型集積デバイスシステムで、半導体集

積回路の作製技術を使うため、量産に向き、低価格のセンサーを提供できる可能性がある。また、消費する電力が非常に少ないので、小さなバッテリーでも継続的な長期モニタリングをすることが可能になる。場合によっては、センサーの周りの環境に存在するエネルギー（例えば、太陽光、風力、振動、温度変化）を利用することによって、MEMS デバイスへ電力供給ができれば、無電源のセンサーシステムの構築も不可能ではない。

6．データを読む力

　前述した Observational method では、設計者そして施工者が、設計と比べてどのように構造物が現実的に挙動しているかを理解するというプロセスが大事である。マクラーレンという英国の会社はフォーミュラワン（F1）という自動車レースに参加するレーシング・チームとして有名である。マクラーレン社は、車にセンサーを沢山装備し、レース中にデータをリアルタイムに集めて解析し、車のパフォーマンスを予測することによって、0.1 秒でも速く走行させるというシステムを早い時期から導入している。また、そこで開発されたセンサー、データ解析予測法やデータを視覚化する技術を他の分野にも売り込むことによって、イノベーションをビジネスモデルとする会社としても知られている。

　地盤工学の分野でも、データを視覚化させる Dashboard（ダッシュボード）を開発する試みを、ケンブリッジ大学が Arup 社と共同で行っている。その例を図-11 に示す。このプロジェクトの目的はトンネル掘削や立て坑工事を行ったときの地盤変形量とその形状を施工プロセスとリアルタイムにリンクさせ、さらに、設計で予測されるメカニズムと現場データと比較させることによって、より良い設計へのフィードバックを積極的に行うシステムを構築することである。このような視覚に訴えるシステムを使うことによって、地盤工学者にデータを読む力を身につけてもらう試みも行っている。

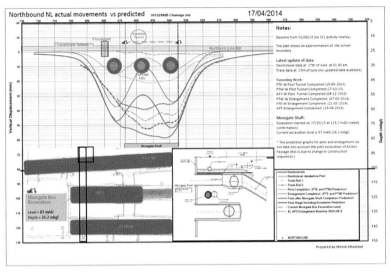

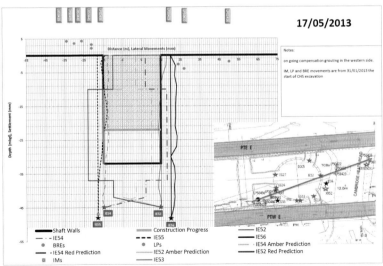

図-11 ダッシュボードの例

　アクティブモニタリングを行うと、データの量も増加するので、それを空間的そして時間的に整理する必要がある。そのために Building Information Modeling（BIM）というシステムを活用することが最近注目を浴びている。BIM はインフラや建物などの計画、設計、建設、維持管理などのデータを一つにまとめることができるデジタルデータシステムである。現在使われている BIM の特徴として、データの視覚化、データ検索の簡便化、作成された文書の登録、設計や施工過程のデータ化などを行うことなどがあげられるが、最終目的はインフラに関する意思決定を Evidence（確固たるデータ）ベースで迅速かつ的確に行えるようにするサポートシステムである。それによって、Observational method などを使った設計と施工へのフィードバックや、長期モニタリングによるインフラの劣化モデルの構築ができるようになる。

　英国では、現在、新しい建設工事そして既存の交通インフラは BIM を使って電子化することが推奨されており、2016 年までにこの作業を完了することを目標としている。この段階は BIM レベル 2 に対応する。その次の BIM レベル 3 では、レベル 2 で得られたインフラの様々なデータを集めて、インフラ個々のリスクを統合することによって、組織全体のパフォーマンスを向上することを目標としている。また、最終レベルのレベル 4 では、都市または国家全体の社会生活（Societal Performance）の向上化を目指している。英国では BIM によってインフラ資産の健全性を占めすことで、経済発展の堅実性を世界に示し、海外からの投資を促す政策をとっている。そこにおける土木工学者の役割は非常に大きい。

7．最後に

　本稿では、経済、政策、環境そして市民の生活パターンが短期間に大きく変化し、リスクの予測がますます困難になる現状に対して、土木技術者がどのように既存の老朽化したインフラを改造または延命さ

せるか、そして、いかに次世代のインフラを設計、施工そして維持管理するべきかという問題提起をした。ただ、実際に施工した構造物の真のパフォーマンスが明らかになっていないことが多い現状において、不確かな将来に対してどのような対処ができるかどうかを見極めるのは難しい。したがって、インフラの挙動データや利用データを積極的に収集することは、不確かな将来に対してよりよい判断ができることにもなる。そのためには、新しいセンサー技術やデータをリアルタイムに解析し将来予測を行う BIM、そしてデータを視覚化し工学的な判断ができる技能を身に着けさせる Dashboard などの開発が必要であると考えられる。特に、長期モニタリングから得られるデータによってインフラの劣化現象や利用状況の変化を把握することができれば、インフラの設計に、耐久年数への考慮だけでなく、利用の変化に伴い改築するといったライフサイクル的なアプローチを積極的に取入れた設計施工の概念を導入することも可能になる。そうすれば、現世代を悩ませているインフラの老朽化問題を、次世代に受け渡すことを回避できるかもしれない。

参考文献

1) Cole, M. (2010) : "Borough Viaduct & London Bridge: The keys to opening capacity," NCE - Delivering ThamesLink, Issue 9, pp. 14-15
2) Prouting N and Lochner D. (1975) : "Operation London Bridge," documentary film
3) Network Rail. Complex Projects Procedure for London Bridge and the Surrounding Area. Report No. K002-NRT-CHG-00001. London: 2012
4) UK Infrastructure Transitions Research Consortium (2014), 'The costs of cascading failure': http://www.itrc.org.uk/the-cost-of-cascading-failure-risk-and-resilience-within-uk-infrastructure-networks/
5) Peck, R. B. (1969). Advantages and limitations of the Observational Method in applied soil mechanics, Geotechnique, 19(2), 171?187.
6) Nicholson DP, Tse C & Penny C (1999) The observational method in ground engineering: principles and applications Construction Industry Research and Information Association (CIRIA) Report 185, London

§11 地盤工学におけるリスク共生のための PR の役割

嘉門雅史

1. 地盤工学の課題とリスク

アジア太平洋モンスーン地帯にあって、変動する列島に居住する我々日本人に、今や「不動の大地」を信じる方はおられないものと考えるが、人情として「地盤」は不動であって欲しいと願うのはごく自然のことである。「地盤工学におけるリスク」を扱うとき、地盤工学上の課題はリスクそのものであることから、地盤が不動のものであるという人々の願いに答えることが地盤工学に携わる者の使命であり、これへの対処が地盤工学を発展させてきたと言えるであろう。産業社会の発展を支えるために、我が国都市部に例外なく広がる軟弱地盤対策技術、列島を縦横に結び繋ぐ交通ネットワーク形成のための多様な技術、傾斜地の安定を確保するための技術、地震時の液状化防止や洪水時の堤体の安定などの災害対応技術等の開発など、地盤や土構造物の安定を確保して地盤自体の物理的リスクを低減する技術だけでなく、産業活動に伴って排出される廃棄物や有害物質からの地盤環境の保全など、地盤の化学特性等に関わる技術など、極めて広範な対応が求められている。

地盤工学の課題は多様なリスクに対応して、その解消が課題解決の主眼である。多かれ少なかれ地盤工学の課題の完全解決は至難であることから、これらのリスクをある程度受容した上での生活が求められることになる。

しかしながら、一般市民にとっては、地盤工学上のリスクは、それ

が現実のものになるまでは全く意識されることはない。例えば、個人が住宅を建設する際に、建てようとする場所の地盤特性にどれだけ留意するか、あるいは留意してもらえるかを考えてみよう。通常はできることなら基礎地盤の対策などにはお金を払いたくない、住宅内部のインテリアや装飾などにはお金をかけることを惜しまなくても、基礎工事費用は安ければ安いほど良いということであろう。このようなクライアントに、対象となる地盤のリスクを十分に理解してもらうように努めることは、地盤工学の技術者の大切な仕事である。「砂上の楼閣」という言葉があるように、緩い砂地盤は地震時に大きな損害を受けることが多い。また、工場跡地などでは有害物質で汚染されていたということもしばしば生じる事態である。しかしながら、一方で地盤内部の状況は目に見えないので、非常時でない限り欠陥が表に出ることはない。「知らぬが仏」という一面も地盤工学にはあり、事前に知らされていなければ地盤の内部の状況を気に止めることはない。特に、地盤の汚染などは何の関係も無いという態度になりがちである。

2. リスク共生のための PR（Public Relations）の役割

　東日本大震災では科学・技術への信頼を大きく損なった。科学・技術が現代社会を支えていることから、市民の科学・技術への信頼回復は喫緊の課題であり、信頼を取り戻すために尽力することがすべての研究者・技術者に求められている。地盤工学においても市民のそれぞれが、多様な地盤が抱えるリスクへの認識を高め、共通の理解を得るように努めるとともに信頼を醸成するように図ることが重要である。

　Public Relations という言葉は、よく日本では宣伝の意味で PR というように言われるが、これとは全く異なる概念が Public Relations の本来の意味である。組織と組織を取り巻く人間（個人・集団・社会）との望ましい関係をつくり出すための考え方及び行動のあり方であると定義され、結果的には双方向の情報交換が基本である。

　したがって、国土交通省や環境省、経済産業省などでもパブリック

コメントという形で国の施策をホームページ等に掲載し、一般市民から意見を聞くという形式を取っているが、ほとんどの場合は上意下達であり、真の意味での PR ではない。一方的な情報の発信ではなく、組織とか社会あるいは市民との良好な関係づくりとして認識されるのが本来の PR であり、それによってはじめて人々が現代社会の多様なリスクと共生しうることになるであろう。したがって、現実の世界には数多くの多様で多面的なリスクが存在しており、市民はその中で生活をしているのだということを、我々一人一人が理解することが極めて重要である。地盤工学上のリスク対応においてもしかりであることから、PR の本来的な役割に期待したい。

　工学、特に土木工学は、認識科学と設計科学とが融合したものであるから、「社会のための科学」の実現に対する努力、これがリスクの共生ではないかと考えている。

　ところで、リスク共生学は学問と言えるであろうか？　「リスクと共生する」という表現がしばしば用いられるが、元来「共生」という用語は多生物間の関係を指している。最近は「共生」を極めて広義に捉えて哲学的概念へと変化し、「リスク共生とは、多様なリスクと共存する哲学的な概念である」とに言い直しうるであろう。したがって、リスク共生学が学問として成立するためには、リスクを定義して共生の理念と手法を学理として確立する必要がある。リスクそのものが多様性を有していることから、そのあり方を明確にした上で、「共生」ということが単に共に生きるということではなく、リスクを低減する努力とリスクの存在を理解した上で、これに勇気を持って対峙するという、この両面を目指す学問でないと「リスク共生学」は本来あり得ないと考えられる。

　リスク克服の手段は技術としての多種の難しい側面が存在するものの、技術自体は成立すると想定されることから、関連技術を支えるとともに、それに基づいたリスクへの備えを用意しなければならない。これは我々技術者の責務そのものである。リスクの絶対的な評価軸はないことから、リスクを確率論として捉えると大変理解しやすい。一

般の市民の方から「ゼロリスク」を求められることも多いが、「ゼロリスク」の事象は本来ありえないことから、ゼロリスクを求めることが壮大な無駄を犯すことになる場合が多いことに気付かねばならない。しかしながら、すべての人に共通して納得してもらえる解の発見と実現は至難であり、誰が最終責任をとるのかということも決め難い。最近の政治・経済・社会の状況を鑑みると、誰も責任をとりたがらないということが、現在の日本社会の悪弊になっているといった事態も垣間見える。したがって、PR による双方向の徹底的な情報交換によって、関連した多様なステークホルダーの間で理解が進むように尽力することが最も大切になってくる。

　言うまでもなく、**表-1** に示すような多様なリスクに対しては、それらへの異なるアプローチと違った概念が存在する。したがって、リスクによる損失をどのように克服するかというプロセスを「総合的にマネジメントしていく」ことが、リスク共生に繋がるであろう。周知のとおり総合的リスクマネジメントの目的は、不幸な事象が発生した時に生じる損失や被害をできるだけ小さくなるように準備しておくことであり、リスクの低減を図ることである。さらに、もう一つの側面として、被害や損失が生じたときの補償の方法や復旧・復興のための資金をあらかじめ用意しておくリスクファイナンスが非常に重要である。

表-1　リスク要因とその種別

リスクの種別	要因や対象
想定しうる損失	確実に発生する可能性
	想起確率の問題
	損失の想起原因（ペリル）
	損害・損失にさらされる財産や人命
不確実な損失	実際の損失と予想した損失の変動
	損失発生の不確実性
潜在的損失	経年による劣化
想定外の損失	気候変動等に伴う大災害

　この二つが総合的なリスクマネジメントの柱であり、リスクの徹底した分析と適切なリスクアセスメントに基づいたリスクコントロール（リスク発生の未然防止・軽減・回避・予防など）と、リスクファイナンス（リスク発生時の金銭的備え・各種保険など）の両方を確立しなければならない。しかもその上で、すべてのステークホルダーとのリスクコミュニュケーションを円滑に成立させなければリスク共生はあり得ないと考える。

3．建設リサイクルを取り巻く近年の状況

　地盤工学におけるリスクの一つとして、ここでは「建設リサイクル」に関わる話題を取り上げる。社会経済活動が活発化して景気が良くなってくると、連動して建設業界も活性化し、必然的に建設工事量が増大する。その結果として、工事量に比例して建設系廃棄物量の増大に繋がることになる。すなわり、生産と廃棄は全ての産業で表裏一体である。

　現状における我が国の建設リサイクル事業は極めて良好に機能しており、世界的に見ても優等生である。現在では建設系廃棄物の 96％がリサイクルされており、建設副産物である発生土や建設系廃棄物の適正処理が順調に進んでいる。

　表-2 は平成 26 年に国土交通省から発出された「建設リサイクル推進計画 2014」で提案された平成 30 年度のリサイクル目標値である。平成 24 年度の実績値とともに示しているが、建設副産物の各対象品のリサイクル値（再資源化率）は非常に高いものとなっている。これらのリサイクル値を維持し、更なる高みへ持っていくためには多大の努力が必要である。例えば、リサイクル率が 99.5％に達しているアスファルトコンクリート塊は、既にリサイクルが進んで２回目、３回目となってきており、対象となる再生アスファルトの品質に劣化をきたしつつあることから、従来通りのリサイクルの実施は徐々に難しくなっている。この点で、リサイクルできない廃棄物の発生リスクが高

表-2　建設リサイクル推進計画 2014 の目標値

対象品目		平成24年度実績	平成30年度目標	
アスファルトコンクリート塊	再資源化率	99.5%	99%以上	再資源化率が低下しないよう維持
コンクリート塊	再資源化率	99.3%	99%以上	
建設発生木材	再資源化・縮減率	94.4%	95%以上	引き続き目標達成を目指す
建設汚泥	再資源化・縮減率	85.0%	90%以上	より高い数値目標を設定
建設混合廃棄物	排出率[*1]	3.9%	3.5%以下	指標を排出量から建設混合廃棄物排出率[*1]と再資源化・縮減率に変更再資源化・縮減率
	再資源化・縮減率	58.2%	60%以上	
建設廃棄物全体	再資源化・縮減率	96.0%	96%以上	より高い数値目標を設定
建設発生土	建設発生土有効利用率[*3]	—	80%以上	指標を利用土砂の建設発生土利用率[*2]から建設発生土有効利用率[*3]に変更

＊1：全建設廃棄物排出量に対する建設混合廃棄物排出量の割合
＊2：土砂利用量に対する現場内利用および工事間利用等による建設工事での有効利用量の割合
＊3：建設発生土発生量に対する現場内利用およびこれまでの工事間利用等に適正に盛土された採石場跡地復旧や農地受入等を加えた有効利用量の割合

まっていると言える。

　2020 年の東京オリンピック・パラリンピックの開催に伴う関連事業や、インフラの老朽化に伴う維持管理事業の増加によって、建設副産物のリサイクルコストの増大も生じている。リサイクルが継続的に進展するには再生品の受け入れ先が持続的に確保されねばならない。首都圏だけではなく近畿圏も同様であるが、例えば高層ビルの改修や建替え等の需要が生じても、発生する躯体コンクリート塊のリサイクル品の受け入れ先を確保できず、処理が全く出来なくなって工事がストップするというような、リサイクルの弊害が起こりつつあるのが現状である。この他にも、土構造物等の劣化によるリスク増大が看過されがちであり、経年による斜面風化や地盤の緩みなどを適切に評価することが、地震時や洪水時の災害を軽減する上で極めて重要である。したがって、現状では衆知とまでには至っていない地盤工学上のリス

クであってもこれを正しく情報公開し、PR によって適正なリスク対応を図ることが、将来生起する大きなリスクを回避するための有用な手段となるであろう。

　さらに、我が国の国土を構成している鉱物の問題であるが、建設工事で発生する土の中に、自然由来の重金属等が基準以上に含有されていることがあり、これによって周辺環境に悪影響を及ぼすというリスクが発生している。我が国の国土には、鉛やヒ素、クロム、フッ素などの特定有害物質に規定される重金属類を、地表土中に含有する地域が広く分布している。**図-1** は国立研究開発法人産業技術総合研究所地質調査総合センターのホームページで公表されている、我が国土壌中に含まれるヒ素と鉛の含有濃度分布 [1] である。全国の河川堆積物を全分析した結果であるから、土壌汚染対策法上の含有量試験（塩酸抽出試験）より一般に大きな値を示すが、有害とされる鉛やヒ素の含有量値の 150mg/kg を超過する地域が全国に分布していることが分かる。火成岩中には蛍石が含まれることが多く、場所によってはフッ素の含有量が極めて大きい箇所も見られる。

　したがって、建設工事において掘削工事などで排出される発生土（年間 2 億 m³ 以上に及ぶ）中に、多かれ少なかれこれらの重金属類が混在することを避け得ない。発生土は可能な限りリサイクルされているが、発生土量が著しいことから、含有される重金属類が残土処理やリサイクルの過程で、不適切に一般環境へ漏出してしまうリスクを避け得ない。自然由来の重金属類が基準以上に含まれている場合には、改正土壌汚染対策法（平成 22 年に施行された）に準じて適正に処理しなければならない。また、法の対象とならないトンネル掘削岩石・土砂についても、自然由来の重金属類を基準以上に含有する際には適切な対処が求められる。建設工事に当たってはリスク評価に基づいた対応が基本的に必要であり、環境部局や地域住民とのリスクコミュニケーションが必須である。この際には対象となる掘削土が、現地にもともと存在していたものであるから、有害性に関して周辺環境のバックグラウンド値への考察に基づいて、全てのステークホルダー

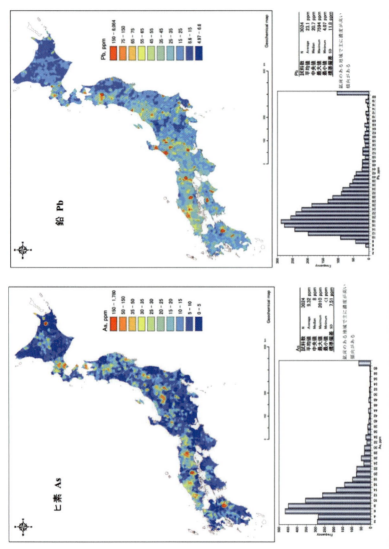

図-1 我が国土壌中に含まれるヒ素と鉛の含有濃度分布（産業技術総合研究所地質調査総合センターのホームページより）

間での同意を得る工夫が大切である。すなわち、**表-3** に示すように
周辺環境として、地下水の水質、河川・湖沼等の表流水の水質、岩石
や土そのものの特性などがバックグラウンドとしてどの程度のレベル
にあるかを整理して、少なくとも工事ではバックグラウンド値を決し
て超えないことを目指さねばならない。

表-3 自然由来の重金属による周辺環境のバックグラウンド値

周辺環境の種類	対処の考え方
地下水 バックグラウンド値	敷地境界もしくは保全対象近傍における、工事着手前の自然由来の重金属等の含有濃度を地下水濃度とし、主にリスク評価等に用いる。
表流水 バックグラウンド値	近傍の河川水や湖沼に含まれる、工事着手前の自然由来の重金属等の含有濃度を表流水濃度とし、主に施工管理に用いる。
岩石・土壌 バックグラウンド値	当該地内および周辺の人為的な影響を受けていない土地の、自然由来の重金属等の全含有量・溶出量を岩石・土壌の元来の含有量・溶出量濃度とし、主に自然由来と人為的原因の汚染の識別やリスクコミュニケーションに用いる。

　対策の方途として、国や公共企業体などから対応マニュアル等が発
出されているが、一般書としては『建設工事における自然由来重金属
含有土への対応ハンドブック』[2] が発刊されている。

4．東日本大震災によって生じた地盤環境問題

　東日本大震災では、地震時の大規模山腹崩壊や、液状化被害、河川
堤防等の崩壊等だけでなく、**表-4** に示すように地盤環境にかかわる
新たな課題が数多く発生した。2,800 万トンに及ぶ災害廃棄物や津波
堆積物の適正処理、建設資材化など、環境地盤工学上の課題として積
極的に取り組んで、課題の解決を得た目覚しい貢献がなされている。
　しかしながら、津波被災によって福島第一原子力発電所から漏えい

表-4　東日本大震災によって生じた地盤環境課題

従来型の地盤災害	新しい型の地盤環境災害
・大規模山腹崩壊対策 ・崩落した河川堤防の修復と補強 ・地盤沈降対策 ・地盤の液状化による変状対策	・災害廃棄物と津波堆積物の適正処理と 　資材化の課題 ・放射性汚染（土壌、廃棄物）の対策 ・施設被害による土壌・地下水汚染 ・原発施設の汚染水問題の処理対策 ・塩水被害地の浄化問題

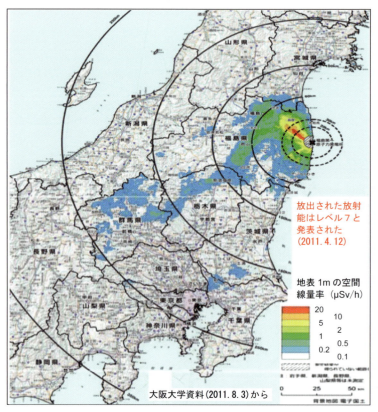

放出された放射能はレベル7と発表された（2011.4.12）

地表 1m の空間線量率（μSv/h）

大阪大学資料（2011.8.3）から

図-2　福島第一原子力発電所から放出された放射性物質による汚染の状況

した放射性物質による汚染土壌の取り扱いは、未だ多くの課題を残している。**図-2** は放出された放射性物質による地域汚染マップである。大阪大学グループがとりまとめた震災後約 5 カ月ごろの状況である。福島県だけでなく、周辺各県に汚染が広がった結果、各地に汚染濃度の高いホットスポットが発生した。さらに、各種処理の末端部である下水処理焼却灰中の放射線濃度の増大によって、焼却灰の埋立処理がストップし、行き先をなくした焼却灰が処理場敷地内に山積されるなど大きな支障が出るといった事態も招来した。

　汚染濃度の高い地域では住民の立ち退きに至り、除染が完了するまで帰還が難しいという状況に至ったことは周知のとおりである。福島県においては、**図-3** に示すように汚染濃度の高い地域は国の直轄事業で除染を行い、その他地域での市町村除染と併存して実施された。除染物は一時仮置きされた後、**図-4** に示すような福島第一原子力発電所を取り巻くように双葉町と大熊町とにまたがった形で設置された中間貯蔵施設に 30 年間を限度として保管され、30 年後には県外へ搬出するとされた。また、10 万 Bq/kg 以下のレベルの廃棄物は指定廃棄物として楢葉町の福島エコティッククリーンセンターに受け入れるように検討されている。

　中間貯蔵施設へ受け入れるべき除染廃棄物は 2,000 万 m^3 以上に達するとされているが、被災後 5 年を経た平成 28 年 3 月現在、土地収用された保管場所は未だ 4 万 m^3 分にも満たず、用地の確保は大変難しい状況である。中間貯蔵施設は除染廃棄物の放射能レベルに対応して安全に貯蔵されることになっているが、30 年後に県外に必ず持ち出すという国の約束があっても、それへの信頼は欠如している。したがって、地域住民にとっては一度受け入れてしまうと、そのままになってしまうとのではないかという懸念から、具体の交渉で妥協を得ることは至難であると思考される。

　放射性廃棄物の処理は除染廃棄物だけではなく、従来から課題とされる核廃棄物処理に代表されるように、最終処分の方策が確定されていないことが重大な問題である。原子力発電所から排出される高レベ

214

用地の取得状況や除染土壌等の発生状況に応じて、段階的に整備を進めます。

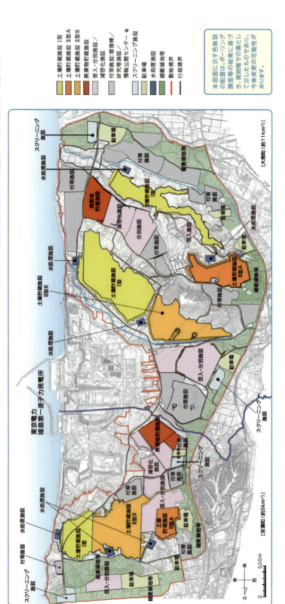

図-3 中間貯蔵施設の概要（環境省公開配布資料）[3]

<配置の基本的な考え方（主な事項）>

● 施設は、貯蔵する土壌や廃棄物の放射性セシウム濃度、施設を配置する地域の強度・高さなどを通じて適切に配置します。

● 谷地形や台地などの自然地形を最大限に活用して、土地改変をなるべく避けて施設を設けることにより、環境負荷の低減や工期の短縮を図ります。

● 施設全体の機能性・効率性を勘案しつつ、各施設が一体的に機能するよう配置します。

[大熊町（約11km²）]
[双葉町（約5km²）]

本図面に示す各施設の配置は、ボーリング調査等の結果に基づき、現時点での案として示したものであり、今後変更の可能性があります。

土壌貯蔵施設 Ⅰ型
土壌貯蔵施設 Ⅱ型A
土壌貯蔵施設 Ⅱ型B
廃棄物貯蔵施設
受入・分別施設
付帯施設・管理棟・研究等施設・情報公開センター等
スクリーニング施設
水処理施設
緩衝緑地等
動植物保全
行政境界

500m

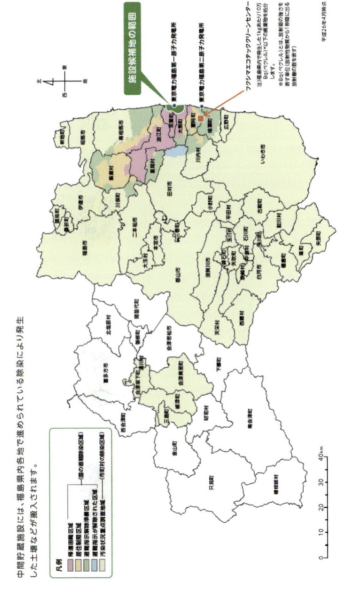

図-4 福島県内における汚染状況と避難区分 （環境省公開配布資料）[3]

中間貯蔵施設には、福島県内各地で進められている除染により発生した土壌などが搬入されます。

表-5　高レベル放射性廃棄物の地層処分のための 4 つの課題

課題の種別	内　　　容
技術的課題	最近の知見の反映、地震、地下水等への対応、放射性物質の環境規制値の制定、超長期間のデータの有効性など
環境倫理学的課題	将来世代との合意形成は不可能、安全管理の方法と理解、無理解での判断の難しさ、公正の保証の確保、1,000 年先の外挿法の確実性など
社会心理学的課題	典型的な NIMBY（Not in my back yard）問題、原子力における利害関係者の多さと複雑な構造、事業関係者としての行政の限界と地域住民の抱える問題、外部からの反対者とマスコミの抱える問題、市民から支持される第三者機関の設置、総合的広報戦略の構築など
政治学的課題	協議と調停、決定プロセスの公開、政府首脳による強力な指導性、国家としての危機管理など

ル放射性廃棄物の処分方策が確定しているのは、世界中でフィンランドとスウェーデンの 2 カ国のみである。基本的な手法としては地層処分が想定されるが、表-5 のように地層処分のためは 4 つの課題を克服しなければならない。技術的な課題と環境倫理学の課題、社会心理学的課題、政治学的課題である。この 4 つともそれぞれに難しい問題を包含しており、なかなか市民には受け入れられない。高レベル放射性廃棄物によるリスク内容は甚大であるが、最終保管を試みようとしているシナリオは極めて高い安全性を重層的に取り入れており、リスクの発生確率は相当程度小さいものと考えられる。現在では 30 年間程度の「暫定保管」によって対応できるように、国民的合意形成に向けて議論を深めようという提言[4] が日本学術会議からなされているが、まだまだ確定した施策にはほど遠いものである。

5. リスクと対峙する勇気を持とう

科学技術には光と影があることに気付かねばならない。便利さや快適さを人間に恵んだ近代科学技術は、一面では人間のものぐささ、怠

け心、ぜいたくさを助長したともいえる。例えば、

　◎　今や地球は狭くなったが、これは良いことであるか？

　◎　不必要な電化製品が各家庭になんと多数見られることか？

　宇宙開発や原子力平和利用は巨大科学技術の代表であるが、21 世紀のエネルギーとされる再生可能エネルギー（太陽光・風力・バイオ・その他）等でも、それぞれの技術に光と影があることに気づくとともに、地球環境問題の不確かさへの率直なアプローチも求められるところである。

　現代社会は科学技術の進化によって、手つかずの自然環境の存在は今や稀有のこととなっており、完全自給自足の生活環境は極めて得難い状況にあると言っても良い。いわば、「パンドラの箱」は既に開けられてしまっており、社会経済、自然環境全てにわたって、また全ての人々にとって最適であると受け入れられる科学技術を獲得することは不可能となっている。

　これらは人間の価値観の問題であると言えるので、将来の生存を目指して持続可能社会構築のために、Majority がほどほどに合意しうる解を選定できるように努力するしかない。

　科学技術がリスクをなくすことはできないが、リスクの発生確率はある程度予測することは可能であるから、どこまでリスクを受け入れるかは、個々の市民自らが判断することになる。安全神話が崩れたのちの防災予算の在り方や、原発の位置づけを含むエネルギー施策をどうするかは現在直面する喫緊の課題であり、多面的かつ重層的リスクを内包している。これらは安全対策だけでなく、財政、環境、雇用など複雑な利害を調整してはじめて結論に到達しうるであろう。人々の意見として賛否の割れる重要なテーマや施策は数多い。不安や反対があるのは当然であるが、長所短所を丁寧に説明して議論し、多数の納得を得ることこそが重要である。これらの課題は政治の役割でもあるが、科学技術的事象に関する適切な解説を全ての世代の人々に理解してもらいやすいように実施することは、科学技術者が取り組むべき重要なタスクでもある。

　民主主義社会では適正な Public Relation こそが重要であり、そのためにすべての情報を分かりやすく開示して、科学技術の限界を十分に説明した上で、信頼を醸成することに努めなければならない。それによって初めて人々が最適解を選定できる成熟したリスク共生社会が成立するものと確信する次第である。

参考文献

1) 国立研究開発法人産業技術総合研究所地質調査総合センター：地球化学図に関するホームページ
2) 嘉門雅史・勝見武監修、国立研究開発法人土木研究所著：建設工事における自然由来重金属含有土への対応ハンドブック、大成出版社、2015.
3) 環境省：除染廃棄物処理、中間貯蔵施設に関する資料
4) 日本学術会議：提言「高レベル放射性廃棄物の処分に関する政策提言－国民的合意形成へ向けた暫定保管を巡って」、2015.

総括

　地盤工学をリードしてこられた先生方と、これからの地盤工学を
リードしていく、ほぼ同数の若手中堅の先生方に、ご自分の専門の立
場から「リスク共生」というキーワードを踏まえての地盤工学の課題
を自由に語っていただいた。私のような専門を異にするものが聞いて
も、いずれもが大変興味深く、そして示唆に富む講演であった。それ
を原稿としてまとめたのが §1〜§11 である。

　ここで 11 の講演を、私なりに振り返ってみたいと思う。

*

　代表的な土構造物である河川堤防のリスクについては、高橋章治先
生に講演いただいた（§1）。河川堤防決壊の原因は約半分が越水で、
その次が侵食で、浸透による決壊はわずかに 3％に過ぎないが、被害
予測と対策が難しい浸透による決壊が今後増えてくるであろうとのこ
とであった。浸透による決壊は、堤防内部の複雑な土の状況に左右さ
れるため、堤防内部の詳細な情報を得ることがキーとなる。しかし、
それは現在の計測・探査技術をもってしても難しいことで、先生は、
中小のイベントから堤防の反応を知って、詳細な堤防の内部構造を把
握していくのがよいのではないかという、モニタリングとそのデータ
に基づく逆解析の重要性を指摘された。具体的にどのような手法で小
さなイベントから地盤モデルをアップデートしていくのかに大変興味
をもった。それは地盤だけの課題ではなく、構造の分野でも関心の高
いテーマだからである。高橋先生の研究成果に大いに期待したい。

*

　風間基樹先生には、造成宅地地盤の地震に対するリスクという、社
会性の高いテーマについて講演いただいた（§2）。2011 年 3 月 11 日
の東北地方太平洋沖地震による仙台市の造成宅地の地盤別被害を例

に、切土部では大規模半壊以上の率が 1.1% であるのに対し、盛土部では 4.6%、切盛り境界部でも 3.2% と高い。すなわち、同じ宅地造成地でも地震に対するリスクは場所により 4 倍も違うことをデータから示されたのは驚きであった。平地に比べ、斜面にある宅地造成地が高いリスクにあることは、一般の方でも薄々感じておられると思うが、盛土地盤は切土地盤の 4 倍もリスクが高いと知ったら慌てる人も多いはずである。風間先生は、これを踏まえて地盤情報の開示を提唱されている。地盤情報を開示されても一般の方には理解が難しいことを鑑み、地盤工学会では地盤品質判定士という資格制度を導入していることも紹介された。地盤リスクの定量化には地盤情報が不可欠であるが、地盤情報を持っているのは公的機関だけでなく私企業さらには個人でもあることを考えると、広く地盤情報が集まるようにインセンティブを加味した策が不可欠のように思われる。地盤情報を誰がハンドリングし、どこに集積しておくのか等々考えるべきことは多い。いま、Internet of Things (IoT) の時代になりつつあるが、地盤情報を共有するプラットフォームは極めて重要な課題であり、地盤関係者と情報関係者の協働活動に期待したい。

*

　早野公敏先生には、交通に深く関係する地盤工学について講演いただいた (§3)。具体的には、空港アスファルトの状態把握技術と鉄道バラスト軌道における地震時の座屈に関してであった。高度成長期に造られたインフラの年齢が 50 年を超えてきており、その維持管理の確立が急務の課題となっている。2012 年 12 月の笹子トンネルの天井板落下事故はそれを象徴するものであった。空港アスファルトは一般の方には馴染みがないかもしれないが、今日の航空は、道路、鉄道、港湾に並んで極めて重要な交通インフラであり、空港の維持管理はインフラ全般の維持管理にも共通する点が多い。飛行機の事故につながる恐れもあり、悪くなる前に手を打つ予防保全が欠かせず、また、滑走路を使用しながら点検・補修、維持管理しなくてはならないという難しさがある。飛行機の点検のように格納庫に入れて、時には分解し

ながら点検検査するのに比べ、インフラの点検・維持管理は格段に難しいことがよく理解できる。打音検査のような人手と時間がかかる方法に代わって、高速に精度よく損傷・劣化を検出できる方法の開発が大きな課題であることがよく理解できた。

　二つ目の話題であるバラスト軌道の地震時における座屈による変形防止は、列車の走行安全を確保するという意味から重要な課題である。地震により軌道が揺れて列車が脱線するということは誰もが想像するが、費用の問題もあり、防止のための具体策は進んでいなかった。それが現実に起きたのは、2004 年 10 月 23 日の新潟中越地震のときであり、長岡付近の高架橋上を時速約 200km で走っていた新幹線が脱線した。私も現場を見に行ったので強烈な印象として残っている。脱線した列車は高架橋の上に留まっており、幸いにも負傷者は出なかったが。もし高架橋から落下するようなことがあれば大惨事になっていたはずである。2004 年の新潟中越地震以来、鉄道関係者も時速 300km で走る新幹線の脱線防止に取り組み、新幹線には脱線防止レールや脱線防止車輪が導入されている。早野先生の提案は、レールが座屈して湾曲しないようにするもので、枕木の横力抵抗を増す対策が示されている。土構造を含めた構造物の安全については昔から研究開発が行われているが、脱線というような機能喪失のリスクに関わる研究についてはあまり行われていなかったように思われる。地盤の分野においても、機能喪失リスクという観点から研究が進むことを期待する。

＊

　古関潤一先生による講演（§4）では、さまざまな鉄道土構造物の地震時挙動を包括的に扱っている。鉄道、とくに在来線では土構造物が占める割合が 80％を超えており、橋梁やトンネルはもちろん土構造物を地震被害から守ることが鉄道機能からみて重要なことを指摘した上で、切土、盛土、液状化を対象に、地震による被害と対策について事例を交えて説明された。古い切土では風化による劣化に気をつけること、液状化を経験した地盤は締め固め効果で液状化リスクが減ると

思っていたが、増える場合もあるとの指摘は、土構造物は時とともに強くなると想像していた私には非常に新鮮であった。時間、過去の履歴を考慮して地盤リスクを考えねばならないという極めて難しい、しかし興味深い課題を提示された。この奥の深いテーマの学術的体系化を期待したい。

*

　§5 は、半世紀以上にわたって土の動力学、とくに地震での土の振舞いに関する研究をまさしく世界的にリードされてきた石原研而先生の講演であった。「次の次の大地震に備えて」という石原先生らしく、少しユニークな題名である。1964 年新潟地震、1995 年兵庫県南部地震、2006 年十勝沖地震、2011 年東北地方太平洋沖地震での液状化に関連した特徴的な被害について解説されている。地盤分野に限るわけではないが、大きな地震が起こるたびに新しいタイプの被害が生じ、我々の知識がまだまだ不十分であることを知り、そして新しい研究が始まるということなのであろう。"新しい研究によりさまざまなモデルが提案されるが、実験室での検証ももちろん大事であるが、もっと重要なことは実地盤での検証であり、そのためにもさまざまの条件での実地盤での観測が必要である"というのが先生の主張であった。地中観測モニタリングを進め、データを集めることは、これまでの理論を確証するだけでなく、新しい現象の発見にもつながり、地盤工学を大きく発展させるベースになるという先生からの指摘は、私にとり極めて納得のいくものであった。センサー、センシングの時代といわれているが、観測そのものは極めて地味な作業であり、以前よりむしろ後退しているのではないか。橋梁の分野でも地震応答観測を行っている橋梁は減少の一途を辿っている。研究テーマが、成果の見えやすい（出やすい）方向にシフトしている傾向は否定できない。石原先生の提示された課題を全面的に支持するものであり、実行するためには、国、学会がリードして組織的に行っていくことが必要と思われる。

*

　龍岡文夫先生は Soil Mechanics を究めてきた方である。講演の内容は、先生のこれまでの土質力学の成果をベースに、地盤の地震によるリスクを減らすための設計についてであった（§6）。1995 年の兵庫県南部地震での鉄道や道路の甚大な被害の経験を踏まえ、道路橋や鉄道橋の耐震設計では最大級の地震、すなわちレベル 2 地震動に対して軽微な被害にとどめ、数日で通行（運行）可能なレベルに抑えるという設計に改定された。しかし、土構造物では鉄道土構造物など一部の土構造物は除き、レベル 2 地震動への対応ができていない状況にある。橋でも土工部でも道路の一部であり、その果たしている機能は同じであり、高速道路、幹線道路などの重要なものはレベル 2 地震動に対応すべきというのが先生の一貫した主張である。具体的には、盛土、アースフィルダム、造成宅地などの土構造物を対象に、レベル 2 地震動に対する耐震性確保のための三つの方策、すなわち、①締め固め管理の合理化、②現実的な設計法、③補強土工法を展開している。

　1995 年以降、レベル 2 対応の震設計基準が、当然であるが新規橋だけでなく既設橋にも適用され耐震補強が進められた。2011 年東北地方太平洋沖地震でわかったことは、耐震補強が済んでいた橋は無被害または軽微な被害で済み、補強が終わっていなかったものには被害が生じた例が多いということである。東北自動車道が 2 週間後の 3 月 25 日に再開できたのは、橋梁の耐震補強が終わっていたためである。耐震補強の成果を喜ぶべきであるが、地盤系は耐震補強が行われていなかったため、一部の法面に被害が生じ、復旧に 2 週間を要した。被害の出たところの地震での揺れはレベル 2 地震動に比べ小さく、レベル 2 地震動に襲われれば、もっと大きな被害になり、開通が遅れたものと推測される。

　龍岡先生が主張される、レベル 2 対応は費用がかかるが、地震による機能喪失のコストだけでなく維持管理のコストも減らすので、LCC からみればペイするという論理はわかりやすいが、それを定量的に示す努力は地盤工学の一つの大きな課題と思われた。もちろん、これは地盤工学だけで解決できる問題ではなく、経済学などの社会科学の協

力が欠かせない。横断的な展開を期待する。

*

　勝見武先生には、地盤環境リスクと発生土問題への対応に関しての現状と課題について講演いただいた（§7）。建設工事から発生した土や、スラグなど産業副産物の地盤材料としての資源有効利用に向けたさまざまな取り組み、土壌汚染への対応についての話題である。とくに土壌汚染の問題については、2003 年の土壌汚染対策法の施行以来、その対応が求められることが多くなっている。ヒ素や鉛などの重金属等が概して自然地盤中に広範に含まれるケースなど、対策の各種工法が紹介され、また問題点の指摘もあった。後半は、2011 年東日本大震災での計 3,000 万トンという膨大な量の災害廃棄物と津波堆積物の処理という難しい問題の解決に向けて、学会を巻き込み、いろいろなガイドラインを策定して取り組んだ話である。リアリティに富む興味深いものであった。環境重視の時代において、この分野の重要性は今後ますます高まるなかで、土や岩石の特徴、施工方法、用途などに応じた試験・評価方法の標準化を進め、土の総合マネジメントを確立させたいという先生の思いが伝えられた講演であった。

*

　大西有三先生は岩盤力学の専門家として、東日本大震災における福島第一原子力発電所のメルトダウン事故に関連して発生した汚染水対策に深く関与された。§8 では、2013 年から始まった汚染水対策委員会のリスクに対する考え方、種々の対応策が語られている。不完全な情報のもとで、時間との戦いの中での判断の経緯など、新聞でもなかなか報道されないリアリティの高い内容となっている。今回の原子力発電所の事故では、「原子力発電」に関してさまざまな問題点が露呈されることになったが、その一つに原子力を取り巻く体制が極めて排他的であることが各方面から指摘された。汚染水問題では事故直後から問題になっていたにもかかわらず、当初は原子力関係の方のみが関与し、欠かせないはずの地盤と地下水の専門家が参加したのは、地震後 2 年も経過した 2013 年 4 月（汚染水対策委員会の発足時）であっ

たと聞かされてショックを受けた。大西先生は最後に、1995 年の阪神・淡路大震災および今回の震災の経験から、想定できないことが起こりうることが危機であり、危機において適切に対応できるフレキシブルな仕組みをつくること、非常時における組織の行動計画を平時から立てておくことの重要性を指摘している。心すべきことである。

＊

日下部治先生は、2011 年 3 月 11 日の震災を踏まえて、新たに取り組まれているテーマである「自然災害安全性指標」（Gross National Safety Index for natural disasters、略称 GNS）のお話をいただいた（§9）。この提案のベースになっているのは、国連大学が 2011 年に提案した WRI（World Risk Index）である。国連大学は、消費を重視した「国民総生産」GDP（Gross National Product）に代わる新たな指標として、インフラを含む未来への財を重視した「包括的富指標」IWI（Inclusive Wealth Index）を提案するなど、指標の提案に積極的である。指標というのは、GDP のように国の政策にも影響を与えるもので、指標の確立というのは極めて重要な課題である。

WRI が、曝露（exposure）と脆弱性（vulnerability）の積で表しているのに対し、「自然災害安全性指標（GNS）」では、曝露をさらに二つに分けて、危険源と曝露で表し、三つの変数としている。また、各種の統計が整っている日本での適用を考えて、より多くのパラメーターを変数にしており、各行政単位で既存のデータから計算できるのが利点である。GNS の値よりも、むしろどの項目において劣るのかを行政が知ることで、改善の方向を見つけられるのが利点かと思われる。より多くの方に賛同され、使われる指標に成長することを期待する。

＊

曽我健一先生はケンブリッジ大学において「スマートインフラストラクチャーと施工」という研究センターを主宰するなかで、光ファイバーや無電源ワイヤレスセンサーなどによるモニタリング技術を新たに開発し、地盤工学への応用を非常に積極的に、幅広く研究してきて

いる。センサー技術や情報技術の進展のなかで状態監視技術はこの10年、インフラ維持管理の場で急速に発展している技術分野であり、曽我先生はこの分野における世界的リーダーである。曽我先生の講演（§10）は§5の石原先生の講演でのモニタリングの重要性を指摘するという意味では同じ趣旨であるが、モニタリングの技術とモニタリングよって新たにわかる事例を述べておられ、内容としてはかなり違ったものとなっている。

　地盤工学の分野では、地盤常数などの不確定性が極めて高いため、昔から現場観測工法と称して、現場での計測が広く行われてきている。この計測を完成後も継続することで、トンネルなどの地下構造物インフラに新しい可能性を付加させることができるというのが曽我先生のモニタリング研究に関する一つの主張である。不確定度が高いがゆえに、地盤の分野では事故や災害リスクも高い。出来上がったトンネルなどの状態監視を完成後も継続することで、安全性や劣化状況を把握できることは当然であるが、状態を直接モニタリングすることで設計施工時に考えていた不確定度も排除され、そのことにより、場合によっては、近接してもう一つトンネルを掘削できるとか、もっと高密度な、あるいは新しい地下空間の利用法が可能になる。これがモニタリングの効果なのである。そのためには、地盤や地下構造物に関するデータも一元化した情報として整え、モニタリングデータをベースとした、情報化地盤工学とも呼べる新しい地盤工学の確立が曽我先生の考える課題と私は理解した。大きなテーマだけに期待も大きい。

＊

　嘉門雅史先生は地盤環境学のパイオニアである。今回の講演は、地盤環境学での経験を踏まえつつ、「地盤工学におけるリスク共生のためのPRの役割」というタイトルで、今回のシンポジウムのテーマに直接つながる講演をいただいた（§11）。PRとはPublic Relationsの略で、わが国では広報とか宣伝とかの意に一般的に理解されているが、PRのそもそもの意味は、組織と組織をとりまく人間（個人、集団、社会）との望ましい関係をつくり出すための考え方および行動の考え

方のことであり、そのために必要な双方向の情報交換が原意であることを、はじめて知った次第である。リスク共生とは、さまざまなリスクを認識して我々が社会的活動を行う状態として定義し、そのためには、さまざまなリスクに関する情報が公開され、共有されていなければならず、PR が極めて重要と指摘している。さらに、リスク共生学が学問として体系化されるためには、リスクを低減する方法だけでなく、ゼロでないリスクを認識した上で、それに対峙する手法を探求することが不可欠であると述べている。前者は工学的側面が強いのに対し、後者は社会科学的な側面であり、リスク共生学は文理融合的な要素が不可欠であることと私は認識した。嘉門先生の講演は、リスク共生学を考える上で非常に示唆に富むもので、大いに考えさせられる内容であった。

＊

　以上の計 11 講において、地震や洪水に対する災害リスク、土壌汚染や廃棄物に関する環境リスク、リスクを減らすためのモニタリング・観測、設計、制度などに関するさまざまな課題が指摘された。より深く研究を進めるべきという課題と、他の技術との連携のもとに新しい展開を考えなくてはいけない課題もあった。縦糸と横糸はこれからの学術の進展を考える上で、欠かせない視点である。読者の方にも参考になる点が多々あるものと思われる。

　この稿を書いているときに熊本地方を中心に地震が発生し、家屋倒壊に伴う多くの死傷者が報告されている。2011 年の東日本太平洋沖地震から 5 年あまりで再び、わが国は大きな地震被害を蒙ることとなった。南阿蘇での大規模斜面崩壊とそれにより流された橋梁の姿を現場で見て、しばし絶句するとともに、リスクとの共生の必要性を改めて痛感した。

　横浜国立大学先端科学高等研究院では「リスク共生学の構築」を掲げており、一員として、その実現に向けて最大の努力を注ぎたい。

藤野陽三

リスク共生学の視点

リスクのとらえ方

　耳慣れない"リスク共生"という言葉が本書のタイトルに入っている。"安全とはゼロリスクであり、リスクがゼロではないことは危険な状態である"と考える人にとっては、リスク共生とは"危険な状態を我慢せよということか"といった疑問が噴出しそうである。

　一般に"リスク"に対するイメージは、怖いもの、危ないもの、嫌なもの、とにかく避けたいもの、自分だけ関係ないと思いたいものなどであり、"怖い"と感じる要因として、科学的に解明されているとは言えない矛盾した情報が錯綜し理解しにくいこと、予防が難しく非意図的に、そして不公平に危険にさらされる可能性があるなどと考えられている（北野大氏 講演資料）。必ずしも十分な知識を持たない、十分に理解できないリスクに対して、その本質を見て理解しようとするよりも、できるだけ避けて通りたいと考えるのが一般的なのであろう。一方で、リスクに対する慣れはリスク要因を理解したつもりになって安心してしまい、さらにリスクを増大させてしまう可能性が高い。低いリスクであるにもかかわらず過剰に反応することは、Trade-off による別なリスクを増大してしまう恐れがあることも知っておかねばならない。

理解のギャップを埋める

　少し古い情報であるが、ガンの発生原因に対する主婦の認識とガン疫学者の認識の違いが報告されている（黒木登志夫氏「人はなぜガンになるのか」暮らしの手帳、1990 年 4, 5 月号）。ガンの発生原因が食品添加物や農薬であると考えている主婦が多いのに対して、疫学者は普通の食事や喫煙が大きな要因になっていると判断している。リスクに対す

るとらえ方や認識の違いに加えて、専門家の知識が一般に伝わっていないことを示している事例である。

　リスクの理解を促進するためには、情報を受け取る側の反応についても考慮が必要であろう。先に接したマイナスの情報ほど、さらに公表された情報よりも暴かれた情報ほど大きなインパクトをもたらす。情報源の信頼性が説得力を左右することになり、マスコミを通して広く発信された情報は、その真偽とはかかわりなく信頼される可能性が高いのではないだろうか。このような情報および情報源に対する特徴を把握した上で、リスク要因やその大きさ、効果的なリスク低減対策などについての知識や情報が適切に発信され、そして広く共有されることが望まれる。リスクに対する理解が進むことによって、一般の認識と現実のギャップが埋まり、リスク低減に向けた的確な対応の選択が可能になる。

日常生活とリスク

　さて、日常活動を振り返ってみると、毎日の家事、道路や鉄道を利用した通勤・通学、勤務先でのOA機器等を使った業務など等、社会インフラや工業製品を通して提供される多様な機能を利用して日常の生活を送っていることがわかる。生活に必要な機能を提供するための社会インフラ整備や運用、多くの工業製品の生産と利用、そして食料の供給などは、多大な資源・エネルギーの消費と、地域および地球規模での環境負荷をもたらしており、これが持続可能性に対するリスクとなっている。受動喫煙や交通事故なども忘れてはならない身の回りの大きなリスクである。

　津波や原発事故も加わって未曽有の大被害をもたらした東日本大震災の記憶も冷めやらぬなかで熊本地震が発生した。熊本城をはじめ多数の家屋倒壊や大きな損傷、橋梁の崩落、地滑りなどが報告されており、自然災害による深刻な被害を実感しているところである。

　1970年ごろまでに各地に建設された石油化学コンビナートでは、生産設備の老朽化が進んでいる。最近、石油化学工場における爆発・

火災事故やそれによる産業災害に関する報道が増加しているように思える。大規模な自然災害や産業災害は、その被災地や現場における直接的な被害にとどまらず、部品や製品の供給を担うサプライチェーンの切断は、遠隔地における関連産業の生産活動にも大きな影響を与え、産業活動をはじめ社会機能の深刻な低下をもたらすことになる。

ヒューマンエラーや未完成技術の導入がもたらすシステム障害も見過ごせない社会的リスク要因である。航空機や鉄道の運航混乱、ATM や通信への障害など、日常生活に対する小さくない影響をもたらしている。このような状況のなかで、高密度活動によって支えられている都市部への人口集中が世界的に加速している。資源・エネルギー・環境に加えて、自然災害、社会インフラや生産設備の老朽化、システム障害等がもたらすリスクが一層上昇しているものと判断される。

リスクとの折り合いを

上記したように、日常の生活は多様なリスクによって取り囲まれており、ゼロリスクはあり得ない。安心・安全で持続可能な未来社会の実現には、多様なリスクを的確に把握するとともに Holistic な視点で全体を見渡し、着目しているリスクの低減が形を変えた他のリスクに転化されないかなど Trade-off の関係も確認しながら、総合的なリスクを効果的・効率的に低減できる対策を迅速に決定できる合理的な手法が欲しい。事業活動に関する経済的効率を評価する費用便益分析と同様に、人間活動への機能提供が他方でもたらすリスクの分析と評価が必要である。

ここで、便益、リスク、コストの関係を示す事例を紹介する。都市ゴミの焼却処理は地域環境の保全や埋め立て処分場の節減等の便益をもたらす一方で、施設建設やその管理に莫大な経費を要する。ゴミ焼却によるダイオキシン発生が大きな社会問題となったことはご存知であろう。ゴミ焼却によるダイオキシンの発生を抑制するために、既存の小規模施設に替えて最新の大型ゴミ焼却施設への更新が全国各地で

進んだ。都市ゴミを日量 100 トン焼却できる新規施設の建設費は約 50 億円とされている。一人一日当たりの都市ゴミ排出量は約 1kg であるから、1 億 2,800 万の人口に対応できる新規施設への更新費は容易に推算できる。このような努力が奏効して都市ゴミ焼却施設から排出されるダイオキシン量は対策前の 1/10 以下に低減することができた。

　ところが対策前の都市ゴミ焼却による年間のダイオキシン排出量は、1960 年代、70 年代に農薬の使用によって環境中へ排出された年間量と比較して 1/10 程度にとどまっており、ダイオキシンによるヒト健康へのリスクは、受動喫煙の 1/100 程度と報告されている（鈴木基之編著『環境工学』p.67、放送大学教育振興会、2003 年）。ゴミ焼却施設の更新に莫大な経費が費やされたものの、総合的なリスク低減への効果はあまり大きくなかったようである。上記した事例は、都市ゴミの処理・減容化（便益）、施設更新と管理費（コスト）、ヒトへの影響（リスク）とその軽減効果の関係を簡潔に示している。

社会的意思決定とリスク共生学

　リスクのとらえ方やその大小の評価は、対象が置かれている場の条件やリスク分析の切り口によって変化し、ステークホルダーの視点や価値観も、リスクのとらえ方に大きな影響を及ぼす。新しい技術やシステムの開発とその社会への導入についても同様であり、新たな発想、研究・開発、分析・評価、そして社会実装までを的確かつ迅速に繋ぐために、多様なステークホルダーを含めて、既往の分野を超えた知の統合による多面的な視点からの社会受容性を判断し、社会としての意思決定を行うことが求められる。

　リスクのとらえ方の多様性を承知しつつ、便益、リスクおよびコストの大きさや、その間の相互関係の分析に基づいた社会の在り方（トップダウン）を明らかにする一方で、ステークホルダーの視点から期待される社会の在り方（ボトムアップ）の違いをまず確認する必要がある。その上で両者が収斂し安心・安全で持続可能な社会の創出

に向けて、社会としての意思決定を合理的かつ迅速に行うことが可能になる、学術に裏打ちされた分野横断型の手法の確立とそれを担える人材の育成が急務である。

　リスク共生学とは、人間活動を取り巻く多様なリスクを的確に分析・評価し、その結果に基づいた社会受容性の確認や多様なステークホルダーとのコミュニケーションを通して、リスクおよびそれへの対策についての理解を促進させ、安心・安全で持続可能社会を創出するための方策についての合意形成、すなわち社会としての意思決定・政策決定等を迅速かつ合理的に実現するための手法を提供する新たな分野であると考えていただきたい。

横浜国立大学　教授
先端科学高等研究院　副研究院長

藤江幸一

あとがき

　地盤工学は地盤の不確定性が高いため、事故や災害、また環境への
リスクが常につきまとう。それらのリスクに対する工学的判断を下す
ことが地盤工学者のプロフェッショナルとしての使命であるといえよ
う。地盤工学という学問は 1920 年代から 1930 年代にかけて Terzaghi
が発表した有効応力の原理、圧密理論そして塑性論による基礎の設計
方法から始まり、その後、様々な目覚ましい展開をみせる。例えば、
地盤構造物（ダム、杭基礎、立て坑、トンネル）の設計と施工手法の
構築、地盤状態を把握するための室内実験や現場試験の開発、設計施
工の向上のための土の構成式と数値解析法の提案、遠心実験による地
盤メカニズムの解明、液状化対策といった耐震技術の提案、補強土や
セメント固化といった地盤改良工法の開発、土壌浄化やごみ処分場の
環境地盤技術の確立などである。1936 年に創立した国際地盤工学会
（当時は国際土質基礎工学会）の技術委員会の数は現在 34 団体にの
ぼり、そのテーマは多岐にわたる。細分化により弊害が生じたという
意見もあるが、この細分化は地盤工学者が社会の要請のもとで新しい
分野を開拓し、それらをプロフェッショナル化した必然の結果といえ
よう。

＊

　日本の地盤工学会は 1949 年に国際土質基礎工学会の日本支部とし
て発足し、国際レベルで地盤工学の発展に大きく貢献してきた。1960
年に創刊された英語による学会誌 Soils and Foundations は日本での研
究を世界に発信する媒体となり、また多くの研究者が積極的に国際学
会において発表することにより、様々な分野で国際的リーダーの地位
を確立していった。日本の地盤工学は、戦後の国土成長と共に大きく
発展したこと、さらに当時の研究者が国際的学術交流に積極的に取り

組んだことで、世界に広く受け入れられるようになった。この点は、日本地盤工学会を引っ張ってきた先輩に大いに感謝すべきであると思う。欧米を中心に活動する私自身もその恩恵を多大にこうむり、先人の築き上げた信用をベースに活動させてもらっている。

＊

　藤野先生は、まえがきに「ほとんどのインフラは地盤に支持されており、土から構成されいる堤防や盛土などのインフラ構造物も多い」そして「地盤工学では災害や環境問題におけるリスクにどのように対峙しているのかを知りたい」と述べておられる。本書はその疑問に答える形でスタートした。シンポジウムでは、地盤工学を国際的に引っ張ってきた先生方と現在精力的に研究活動されている先生方に講演をお願いし、地盤工学のリスクをテーマにお話いただいた。講演を依頼したい先生は他にも多数存在したが、講演時間の制約があったため、藤野先生と私の二人で今回の講演者を選出した。近い将来、同様のテーマのシンポジウムを開催し、地盤工学の未来について若手の地盤工学者と対話するのが、私の個人的な希望である。なぜなら、地盤工学者のプロフェッショナルとしての使命と先人の国際的リーダーシップを語ることは、地盤工学にさらに活力をもたらし、それに携わる者としての自負を我々に与えることになると思うからである。本書のもうひとつの出版目的はここにあると私は思っている。

＊

　地盤工学の歴史を振り返ってみると、その変革のペースに驚かされる。本書で提示された話題の多様性が物語っているように、10 年ごとに新しいテーマが生まれ、それが工学となり、実務に移り変わっている。本書を通じて、読者が次に来るべきテーマは何であるかについて思いをめぐらせるようになることを望んでいる。そのためには、社会で起きていることを把握し、市民の要請を聞くことによって、地盤工学者としてどのような社会貢献ができるか、そして、それを工学と実務に導くためにはどのようにしたらよいかを考えることが必要である。

　例えば、§10 にも書いたように、インフラの利用の仕方が、経済成長、産業構造の変化、気候変動によって数十年単位で変化し続けていることが、これまで得られた様々なデータから明らかになった。また、老朽化したインフラの維持管理の難しさが社会問題になっており、次世代への負の遺産になる可能性もでてきた。よって、今後のインフラの設計は耐久年数の長期化を目指すものから、利用の変化に応じた改築が可能な設計や施工への考慮を積極的に取り入れたものへと変革することもありうるのではないか。このような問題に対する地盤工学としてのアプローチについて積極的に議論してもよいのではないだろうか。

＊

　近年に見られる電気、電子、通信そして情報工学の発展は、我々がインフラから得ることができる情報の質と量を根本から変えていく可能性を示唆する。これらの技術を土木工学用のセンサシステムに取り込むことは、インフラの設計、建設、維持管理に対する見解を一新する機会を与えてくれるかもしれない。インフラの建設の時間スケールは通常 2 年から 10 年であり、資産としてのライフスパンは 60 年から 100 年、またはそれ以上になるケースもある。つまり、インフラは長期にわたって空間的に固定されるものであるにもかかわらず、それらを利用するサービスは、その時代にあったビジネスモデルのもとに運営されている。このような状況下でインフラのセンシングデータを長期のライフサイクルにわたってどのように取得し、利用するかは学術的にも工学的にも興味深いトピックである。

　また、最近 Google Deepmind 社の Alpha Go というプログラムが囲碁の世界最強の棋士である李氏と対局し 4 勝 1 敗で勝ったことが話題になった。この勝敗の正当性はともかくとして、昨今の高性能コンピューティング（High Performance Computing：HPC）の発展が目覚ましいスピードで進んでおり、すでにいろいろな分野や職業に影響を与えはじめていることは否めない。例えば、交通工学の分野ではコンピュータ科学者が参入しはじめ、従来の交通工学者の職を脅かしてい

る。また、AlphaGo で使われたような人工知能技術を使って建物の構造設計を自動的に行うプロジェクトが IT 関連の会社と土木のコンサルタントとの共同で進められているという話も聞く。次の 10 年から 20 年の間に地盤構造物の設計および施工の仕方は人工知能の技術によって大きく変化することはたやすく予想される。場合によっては、地盤工学者の知識を備えた人工知能プログラムが基礎の設計や斜面安定計算を行うようになれば、設計を与えられた指針のみに沿って行うことで地盤リスクを回避しているエンジニアは淘汰される可能性も考えられうる。よって、人工知能技術が発展した将来において、地盤工学者がリスクをどのように判断するのかは今後の興味深いテーマであり、地盤工学者そして土木工学者の教育の在り方にも大きな影響を与えるテーマであろうと私は思っている。

*

　本書が、地盤工学のさらなる変革の可能性を模索するためのきっかけになれば幸いである。

曽我健一

執筆者 (※：編者／50音順／2016年4月現在)

いしはら けんじ
石原 研而　東京大学 名誉教授　　§5
中央大学 研究開発機構 教授
専門分野：土質力学、地盤工学、土質動力学

おおにし ゆうぞう
大西 有三　京都大学 名誉教授　　§8
関西大学 環境都市工学科 客員教授
一般社団法人日本マルチコプター安全推進協会 会長
専門分野：岩盤工学、地盤解析、地下水工学

かざま もとき
風間 基樹　東北大学 教授　　§2
東北大学大学院 工学研究科 教授
専門分野：地盤工学、地震工学

かつみ たけし
勝見　武　京都大学 教授　　§7
京都大学大学院 地球環境学堂 教授
専門分野：環境地盤工学

か もん まさし
嘉門 雅史　京都大学 名誉教授　　§11
一般社団法人環境地盤工学研究所 理事長
一般財団法人防災研究協会 理事長
専門分野：環境地盤工学

くさか べ おさむ
日下部 治　東京工業大学 名誉教授　　§9
茨城工業高等専門学校 校長
専門分野：地盤工学、遠心実験、地盤設計、防災科学

こ せき じゅんいち
古関 潤一　東京大学 教授　　§4
東京大学大学院 社会基盤学専攻 教授
専門分野：土質力学、地盤工学、地震工学

※**曽我 健一**　カリフォルニア大学バークレー校 教授　　§10、あとがき
そ が けんいち
横浜国立大学 先端科学高等研究院 上席特別教授
専門分野：地盤工学

高橋 章浩　東京工業大学 教授　　§1
たかはし あきひろ
東京工業大学 環境・社会理工学院 土木・環境工学系 教授
専門分野：地盤工学

龍岡 文夫　東京大学 名誉教授　　§6
たつおか ふみ お
東京理科大学 理工学部 嘱託教授
専門分野：地盤工学

長谷部 勇一　横浜国立大学 学長　　刊行にあたって
は せ べ ゆういち
横浜国立大学 先端科学高等研究院 研究院長
専門分野：比較経済システム、経済統計、環境経済

早野 公敏　横浜国立大学 教授　　§3
はや の きみとし
横浜国立大学大学院 都市イノベーション研究院 教授
専門分野：地盤工学

藤江 幸一　横浜国立大学 教授　　リスク共生学の視点
ふじ え こういち
横浜国立大学 先端科学高等研究院 副研究院長
専門分野：環境安全管理学、持続可能システム

※**藤野 陽三**　東京大学 名誉教授　　まえがき、総括
ふじ の ようぞう
横浜国立大学 先端科学高等研究院 上席特別教授
一般社団法人日本鋼構造協会 会長
一般社団法人建設コンサルタンツ協会 理事
専門分野：構造工学、地震工学、維持管理工学

編者略歴

藤野 陽三　横浜国立大学先端科学高等研究院 上席特別教授

1972 年東京大学を卒業。同大学修士課程を経て 1976 年ウォーター
ルー大学工学部博士課程修了（Ph.D.）。同大学博士研究員、東京大学
地震研究所助手、筑波大学構造工学系助手・講師、東京大学工学部土
木工学科助教授を経て 1990 年から東京大学教授（のちに大学院工学
系研究科社会基盤学専攻教授）。2014 年 4 月から横浜国立大学教授、
同年 10 月から同大学先端科学高等研究院上席特別教授。2013 年 12 月
から内閣府総合科学技術・イノベーション会議戦略的イノベーション
創造プログラム（SIP）PD（兼務）、東京大学名誉教授

曽我 健一　カリフォルニア大学バークレー校 教授

1987 年京都大学を卒業、1989 年同修士課程修了。その後、カリフォ
ルニア州立大学バークレー校に留学。1994 年に Ph.D.修了後、ケンブ
リッジ大学の講師を経て 2007 年から同大学工学部教授。2016 年 1 月
からカリフォルニア州立大学バークレー校の教授。2015 年 6 月から横
浜国立大学先端科学高等研究院の上席特別教授を兼務。王立工学会ア
カデミーフェロー

地盤工学におけるリスク共生

2016 年 6 月 20 日　第 1 刷発行

編　者　藤野陽三・曽我健一

発行者　坪内文生

発行所　鹿島出版会
　　　　104-0028　東京都中央区八重洲 2 丁目 5 番 14 号
　　　　Tel. 03(6202)5200　振替 00160-2-180883

装幀：石原 透　　DTP：エムツークリエイト　　印刷・製本：壮光舎印刷
© Youzo FUJINO, Kenichi SOGA, et al. 2016　　Printed in Japan
ISBN 978-4-306-02479-3　C3052

本書の内容に関するご意見・ご感想は下記までお寄せください。
URL：http://www.kajima-publishing.co.jp
E-mail：info@kajima-publishing.co.jp